苗期茭白

露地茭白生产

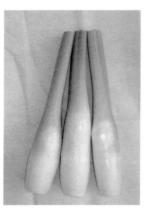

杭州茭

茭白—水稻茬口

保护地茭白生产

茭白采收

上海市科技兴农项目

太阳能虫情测报灯

茭白二化螟幼虫

茭白二化螟性诱

茭田养鸭

绿色防控园艺地布

茭白包装

茭白秸秆处理

茭白绿色生产技术

王桂英　丁国强　主编

中国农业科学技术出版社

图书在版编目（CIP）数据

茭白绿色生产技术／王桂英，丁国强主编 . —北京：中国农业科学技术出版社，2019.8

ISBN 978-7-5116-4328-5

Ⅰ.①茭…　Ⅱ.①王…②丁…　Ⅲ.①茭白-蔬菜园艺-无污染技术　Ⅳ.①S645.2

中国版本图书馆 CIP 数据核字（2019）第 158945 号

责任编辑	白姗姗
责任校对	贾海霞

出 版 者	中国农业科学技术出版社
	北京市中关村南大街 12 号　邮编：100081
电　　话	（010）82106638（编辑室）　（010）82109702（发行部）
	（010）82109709（读者服务部）
传　　真	（010）82106650
网　　址	http://www.castp.cn
经 销 者	各地新华书店
印 刷 者	北京富泰印刷有限责任公司
开　　本	850mm×1 168mm　1/32
印　　张	7.625　彩插　4 面
字　　数	200 千字
版　　次	2019 年 8 月第 1 版　2019 年 8 月第 1 次印刷
定　　价	36.00 元

《茭白绿色生产技术》
编委会

主　编　王桂英　丁国强

副主编　刘　彬　陆鋆赟　姜忠涛

编写人员（排名不分先后）

王桂英　丁国强　刘　彬　陆鋆赟

江小红　何翠娟　张停林　周安尼

姜忠涛　钱　婷　杨军峰　徐　刚

陆金土　高卫林　田金弟　刘小花

崔国卿　杜　涛　姚　婧　王惠林

朱玲玲　戴平平　彭　震　高　宇

何翠娟　张　萍

内容提要

本书重点介绍了上海地区主栽优良茭白品种及其他地方的茭白品种资源。从实际出发，总结了相对应的高产绿色栽培技术、接茬模式。在植保方面，着重于茭白主要病虫害的预测预报技术和主要病虫草害的识别与防治知识。为了适应绿色防控及绿色生产的需要，介绍了杀虫灯、性诱剂、信息素光源诱捕器、天敌、蜜源植物等适合于茭白防病治虫使用的多项绿色防控技术。为了解决茭白作物无药可用的问题，以较多的篇幅介绍多种不同作用机理的农药的试验和示范。作为单一规模化程度比较高的水生蔬菜作物，积极开展了农作物病虫害专业化统防统治的实践。从全产业链的角度考虑，也涉及了茭白的产后处理内容。本书适合茭白生产者和生产组织，以及蔬菜生产一线的技术人员阅读参考。

前　言

　　谈起茭白，便会想到油焖茭白、茭白炒肉丝、茭白毛豆子这些舌尖上的美味。

　　茭白，又名菰米或菰，古有"六谷"（稻、黍、稷、粱、麦、菰），便有她的一席之地，因此茭白在我国栽培的历史可上溯至唐代。历史上许多文人墨客也钟情于她，如杜甫的"滑忆雕胡（菰米）饭，香闻锦带羹"、王维的"郧国稻苗秀，楚人菰米肥"等。

　　虽然，青浦青西地区栽培茭白的历史没有那么久远，但是由于其得天独厚的地理条件，水网密布、地势低洼，茭白与青西相遇，便结下了不解之缘。当地人钟情于种植茭白，上海人更是将其称之为"水中人参"。"练塘牌茭白"已经获得了国家地理标志产品，全年种植面积 3 万亩次，年产量 8 万余吨，产值 2.5 亿元。青浦茭白规模化种植已有 60 余年，20 世纪 90 年代，青浦茭白曾是上海市菜篮子保淡的当家品种之一，对丰富"上海菜篮子"起到了重要作用，同时也是青西三镇农民的收入来源。近年来，茭白更是上海市青浦区练塘镇农业的支柱产业，成为拉动当地经济发展的一股重要力量。"练塘茭白节暨陈云故里练塘古镇旅游文化季"至今已连续举办了十届，反响热烈。

　　随着社会的发展，茭白种植也遇到了许多问题。因茭肉是由黑粉菌（真菌）寄生，分泌吲哚乙酸刺激茭白生长点组织膨大形成的，所以生产过程中对杀菌剂要求很高，稍有不慎，就会导致不孕茭的情况，甚至造成绝收，此类事件，屡有发生。茭白作为小宗作物，已经登记可用的农药品种极少，农户在病虫害防治中普遍存在扩大农药使用范围的尴尬现象。随着新《中华人民共和国农药管理条例》的实施，茭白生产实际已经面临无药可用的困境。

另外，茭白生产中也面临病虫害测报方法欠缺、测报技术薄弱、影响精准防治的问题。茭白作为水生作物，与旱地蔬菜生境不同，绿色防控在旱地蔬菜上已经大规模应用，而在茭白上应用不多，茭白绿色防控技术匮乏，探索不足。我们也发现：茭白产区农户依赖化学农药防治的思想观念没有根本性改变；作为单一作物生产区，最有条件实施农作物病虫害专业化统防统治，而此项工作没有实质性启动，高效、适用植保机械选型和推广步伐落后。以上种种都是茭白产业的进一步发展的绊脚石。

因此，作为农业技术推广工作者，感觉极有必要为解决这些问题出一份微薄之力。先前的一些实用技术的积累，加之"青浦练塘茭白病虫害防治药剂筛选及绿色防控技术示范应用"这一上海市科技兴农项目的助力，就有了技术方面很好的支撑。

本书既有品种方面介绍，也有栽培、植保配套，更有蜜源植物、趋避植物、专业化统防统治等新的技术和内容的加入，使得对茭白难题的解答更加的系统和全面了。

本书源于上述提到的项目，因此要感谢一起参与项目实施的人员，更要感谢这个项目所带来的机缘巧合。当很多重要的事情都被轻易抛弃和遗忘的时候，这显然是一个不错的开端。如有不妥之处，欢迎读者指正。

编　者
2019 年 6 月

目　录

第一章　茭白生产概况

第一节　茭白简介

一、植物学性状

茭白，学名叫"菰"，别名很多，如茭瓜、茭笋、菇首、菰笋、菰米、茭儿菜、茭笋、菰实、菰菜、高笋、茭草等。属于禾本科，多年生、水生宿根草本植物。根际有白色匍匐茎，冬季地上部分枯萎，春天萌生新株。茭白生育期内原本应在初夏或秋季抽茎开花结实，但是由于菰黑粉菌的侵染及刺激作用，植株通常不能正常抽薹开花，最终在基部形成肥大的嫩茎，即是可以食用的美味蔬菜——茭白。茭白的颖果称菰米，比较稀有，可以作饭食用，有较高的营养保健价值。全株青嫩的时候是优良的饲料。

茭白秆高大直立，高 1~2m，径约 1cm，具多数节，基部节上生不定根。叶鞘长于其节间，肥厚、有小横脉；叶舌膜质，长约 1.4cm，顶端尖；叶片扁平宽大，长 50~90cm，宽 15~30mm。圆锥花序，长 30~50cm，分枝多数簇生，上升，果期开展；雄小穗长 10~15mm，两侧压扁，着生于花序下部或分枝之上部，带紫色，外稃具 5 脉，顶端渐尖具小尖头，内稃具 3 脉，中脉成脊，具毛，雄蕊 6 枚，花药长 5~10mm；雌小穗圆筒形，长 18~25mm，宽 1.5~2mm，着生于花序上部和分枝下方与主轴贴生处，外稃之 5 脉粗糙，芒长 20~30mm，内稃具 3 脉。颖果圆柱形，长约 12mm，胚小型，为果体的 1/8。

二、生长环境

茭白原产中国及东南亚，是一种较为常见的水生蔬菜。世界范围内在亚洲温带，日本、俄罗斯及欧洲有分布。中国南北各地都有分布，河北、江苏、浙江、上海、安徽、江西、福建、中国台湾、中国香港、河南、湖南、湖北、海南、广东、广西、四川、云南、黑龙江等地均有种植。

茭白属喜温性植物，生长适温 10~25℃，不耐寒冷和高温干旱。双季茭对日照长短要求不严，对水肥条件要求高，温度是影响孕茭的重要因素。

根系发达，需水量多，适宜水源充足、灌水方便、土层深厚松软、土壤肥沃、富含有机质、保水保肥能力强的黏壤土或壤土。

第二节　青浦茭白的种植历史

青浦地区种植茭白有明确记载的历史可以追溯到明代。明万历丁酉年（嘉靖年间）在《青浦县志》卷之一土产中就有了茭白相关记载，因此，距今已有 400 余年历史。由此可见茭白在明代已经成为青浦地区的物产之一。清代，嘉庆二十四年（1819 年）《松江府志》记载："茭白以秋生，一种春生，曰吕公茭，以非时为美。"

但是青浦地区大规模种植茭白是从 20 世纪 50 年代开始的。1958 年，青浦从苏州、无锡等地引进茭白、慈姑等水生蔬菜新品种，试栽于练塘公社泖甸、金田、朱家庄等大队及西岑公社尤浜、杜赖和沈巷公社部分大队，当时种植面积在 3 000 亩*左右。

---

* 　1 亩≈667m²，1hm² = 15 亩。全书同

1960年起，青浦被列为计划种植面积，成为水生蔬菜基地，品种有茭白、慈姑、荸荠、水芹等。1962年，农作物品种结构微调，增加粮田面积，蔬菜计划面积减为2 100亩，调市任务3 150t，一直延续到1977年。1978年，青浦区贯彻郊区为城市服务的方针，水生蔬菜计划面积增加。1981年，青浦区茭白增至6 100亩，1982年为6 370亩，占练塘、沈巷、莲盛三地区耕地面积的6.5%。生产单位扩展到32个大队、229个生产队。1983年，青浦区茭白上市1.8万t，1984年为1.89万t，1985年3.18万t。2011年，青浦区练塘镇茭白常年种植面积已达3万亩次，从业茭农1万余户，年产优质茭白8万多t，年产值近2亿元，占全镇农业总产值的70%。2016年，练塘地区茭白的种植面积已超过1.75万亩，从2012年3.2t/亩提高到了2016年的4.5t/亩（春、秋两茬合计），售价也从每千克1.3元提高到如今的2.7元，进入高端超市等渠道销售的精品茭白，价格甚至达到20元/kg左右。以龙头企业为主体的农业标准化示范区内茭白种植面积已达练塘全镇80%以上，全镇茭农超过1.5万人，占全镇人口的27%以上，茭白种植达3万亩次，年总产量8万t，成为华东地区种植茭白面积最大、产量最多的乡镇。2017年以来，练塘镇每年种植茭白稳定在2万亩，年产量接近8万吨，总产值近2亿元。

第三节 青浦茭白产业的发展

上海的茭白在青浦，青浦的茭白在练塘。茭白生长季，万亩舞动的茭白叶成了上海郊区的一大美景。

练塘镇凭借独特优厚的水、土、气自然生态环境和资源，精心造就了茭白这一区域特色农产品，如今已成为练塘镇农业的特色支柱产业，成为"国家地理标志保护产品"。这些年茭白种植一直维持在较大的面积，但是在产业化道路上仍然走走停停，没有实现质的突破。有一段时间练塘茭白的品质受到市场质疑，市民对"放心茭白"有了疑惑；茭白的全产业链没有形成，还是停留在种植、销售、粗加工阶段，没有形成联动；茭白的销售手段比较单一，合作社的市场营销能力弱，缺少强有力的推销手段和平台，交易以茭白市场和直接田头交易为主，缺乏自主权和话语权；茭白价格年际间变化大，市场行情不定，影响和打击了茭农的信心。还有茭白叶生态循环利用存在着突出的短板，茭白叶的处置能力明显不足。

面对如此复杂的局面，青浦区、练塘镇都在积极行动，群策群力来谋划茭白发展的蓝图。茭白作为练塘农业的主导产业，要坚持做大、做强、做精茭白产业，要在练塘的绿水青山中书写茭白产业大文章。要做强科技，加强产学研合作力度、加大技术培训等，达到"减肥、减药，增质、增效"的"双减双增"效果，助力茭白产业提质增效；做大品牌，把加强质量监管放在第一位，增加茭白产品从田间到餐桌各个环节的监管，提升透明度，建立利益联结机制，共同维护"练塘茭白"品牌，推动茭白产业升级；做精产品，以茭白生产全流程信息化、茭白产品流通智能化、茭白废弃物绿色循环化为目标，不断提升茭白单一规模农产品的附加值，大力挖掘好茭白产业文化，以茭白文化节为载体，讲好茭白故事，加快推动一二三产业融合。

练塘茭白产业要坚持走品牌化战略、标准化生产道路。坚持品牌化为先导、坚持标准化为保障、坚持规模化为重点、坚持多元化为核心，加快推动茭白产业化发展。要借鉴成功经验，在农民合作社、基层政府、农业部门等层面进一步强化有关措施，推动练塘的都市现代绿色农业发展。

新时代，要通过培养新型经营主体，指导其严格按标准化规范组织生产，加快绿色和有机产品的认证，提高"练塘茭白"

地理保护标志产品的影响力，使"练塘茭白"这一优势农产品保持长盛不衰。

一、生产管理中的问题

1. 品种种性退化严重

种苗繁育是茭白生产的关键，茭白为无性繁殖，种株采用分株方法进行繁殖，其种株的好坏将直接影响茭白的结茭率、产量和品质。由于黑粉菌侵入的时间、数量和栽培管理水平的差异，常引起种性退化，导致雄茭、灰茭的出现，所以每年应严格优选种株才能保证茭白的优良种性。

目前茭农大多采用自选自繁的方式，很少购置商品种苗。而茭白种苗需求量大，一般茭白种苗田与大田的比例为1:10（即1亩秧田可移栽10亩大田）。由于在种株繁育上未严格按品种的特征特性进行选种，近年来雄茭比例增加、孕茭整齐度下降、只型大小差异大等的情况。种性退化、质量的参差不齐等将成为练塘茭白生产中的主要问题。

2. 农药品种繁多，茭白上使用品种较少

茭白是靠黑粉菌（真菌）寄生茭白的生长点分泌吲哚乙酸等刺激茭白生长点组织膨大形成的，所以用药水平要求很高。茭白作为小品种作物，登记的农药品种少之又少。新《中华人民共和国农药管理条例》（以下简称《农药管理条例》）实施后，部分药企开始在茭白上进行农药登记，经中国农药信息网查询，目前登记在茭白上的农药仅有5种成分64个品种。其中杀菌剂2种，丙环唑乳油（防治茭白胡麻斑病）16个品种，咪鲜胺乳油（防治胡麻斑病）1个品种；杀虫剂3种，噻嗪酮（防治长绿飞虱）1个品种，阿维菌素（防治茭白二化螟）34个品种，甲氨基阿维菌素（防治茭白二化螟）12家。

茭农对于农药的不当使用，时有药害发生。前几年的戊唑醇

使用在孕茭期茭白上，导致茭白不孕茭；2017 年更是发生农药的不当使用，造成达 2 000 亩茭白不孕茭，直接经济损失上千万元。

3. 病虫害防治仍以化防为主，病虫抗性增强

茭白病虫害主要有锈病、胡麻斑病、纹枯病、二化螟、蚜虫、长绿飞虱等。

根据茭白胡麻斑病当年发生情况调查，连作茭白胡麻斑病的叶发率达到 87%，而新种茭白田块很少有胡麻斑病的发生。胡麻斑病是由真菌引起的病害。病菌在病种子和病稻草上越冬。在干燥条件下，病组织的病菌可存活 3~4 年。翌年，种子上的病菌可直接侵染幼苗，稻草上的病菌产生分生孢子，借风雨传播，引起秧田和本田稻苗发病，茭白易感染病虫害。由于茭区的茭白成片种植，茭农很少对茭白进行轮作，因缺乏轮作，在同一块田中连续种植茭白会导致病源菌的种类和数量的累积，加重病害的发生和为害与品质下降。且目前茭农的病虫害防治方法主要以化学农药防治，存在施药频次和用药剂量偏高偏大的问题，将给茭白产品带来农药残留超标的隐患。

4. 茭白叶残体乱扔乱放，为病虫害繁殖提供场所

据测算，一季茭白产出的生物质总量约 6t/亩，其中带壳的茭白商品和茭白叶残体各占 3t/亩左右。茭白叶在田中自然条件下分解速度较慢，常规的秸秆还田无法就地解决问题，需要经过有机肥料厂收集、晾晒、粉碎、堆沤等处理，由于人工和有机肥厂原料初处理场地限制问题，茭白销售旺季，大量的茭白叶堆积在田头路旁，茭白叶堆腐过程中产生的有机质、氮、磷等随雨水流入河湖，造成了水体污染，同时未腐熟的茭白叶也成了一些病虫害越夏越冬的场所和翌年病虫害初侵染源。

5. 连年种植，过多使用化肥，造成土壤退化

长期连作也会使土壤间隙度减少，氧气含量减少，透气性差等问题。加上过多施用化肥，会影响土质和茭白产品品质。同时一直连作的茭白，由于长期淹水导致土壤理化性质变差，也可能造成茭白某些营养元素的缺乏，一般连作田的茭白生长势较差，分蘖减弱，叶色变淡，单果重有下降趋势。

6. 茭白生产者的老龄化，制约标准化生产应用率

为配套练塘茭白地理保护标志产品，由产学研联手修制定了上海市地方标准（DB31/T 438—2014）《地理标志产品练塘茭白》，但由于目前从事茭白种植的大部分农民的年龄在 60~70岁，对接受应用新技术的观念相对滞后，所以在对《地理标志产品练塘茭白》标准的应用普及率不高。

二、解决的对策

1. 培育良种壮苗，提高种苗品质

改变自己留种的种植习惯，发展种业农业，培育专业化的育苗生产组织或专业户，提高现有品种的种性纯度，并不断引进优良新品种，选择适合本地的抗病虫品种，调整优化品种结构。

在茭白生产中按照"六个统一"要求进行生产管理，即"统一种苗供应、统一技术指导、统一肥水管理、统一病虫防治、统一产品检测、统一市场销售"，进一步提高了练塘茭白的品牌科技含量和生产效益。

2. 加强农药品种筛选、示范和推广，推进专业化统防

针对目前茭白农药品种少的实际情况，一方面做好茭田病虫害的预测预报，根据病虫的发生规律和为害特点选择最适当的时机施用药剂，减少药剂使用量，以达到最佳防治效果。另一方面根据水稻农药使用价格较蔬菜农药实惠，茭农普遍选择购买水稻上登记的农药使的实际，组织开展农药品种筛选、示范和推广的使用的备案工作。并利用浙江省农业科学院已经针对当地茭白品种所开展的相应农药品种筛选试验，把已筛选出的部分品种引用为本区茭白生产上的推广品种。同时，针对茭白病虫害发生较单

一的特点，推行专业化统防，提高防效，减少安全隐患。

3. 运用绿色防控技术，减少化学农药使用

杀虫灯、性诱剂、生物农药的科学合理应用，将大大地减少茭白化学农药的使用，提高茭白品质，保证质量安全。其中，茭白病虫害中以二化螟为害最为严重，如应用杀虫灯可以诱杀二化螟、大螟、飞虱、蚜虫等茭白大部分害虫。同时，性诱剂防治茭白田二化螟技术是近年来兴起的新一代害虫防治方法，既减轻害虫对茭白的为害，又减少农药的使用量，也节省了生产成本。并且无毒、无害、无污染，专一性强，无任何副作用，效果明显高于其他化学农药，可在茭白田中大面积推广应用。

4. 清洁田园，减少田间病虫残体

连年种植茭白的田块，由于田间病虫菌及虫源积累多，病虫害发生逐年加重。为此，应做好合理轮作，控制病害。难以轮作的田块，要做好清洁田园工作，在茭白采收结束后，排干田水，割除茭白残茬，铲除田边杂草，在冬季 1—2 月期间，将田边地角的枯叶、杂草，集中清除，可有效减少越冬病虫来源。

5. 推广测土配方施肥技术，提倡茭白水稻轮作

茭白测土配方施肥技术是针对茭白田土壤肥力状况与保肥供肥能力、茭白需肥规律提出的施肥方案，为实现茭白科学施肥，提高肥料的利用率，可实现肥料的利用率，降低土壤盐碱化。茭白和水稻同为禾本科作物，种植生长环境相似，提倡茭白与水稻轮作，可以克服茭白连作障碍，减轻病虫草的发生与为害，提高和改善茭白品质。

6. 推进茭白秸秆的综合利用

目前较为可行的茭白秸秆处理方式为制造有机肥，这种方式可以处理的茭白秸秆量大，而且可以实现茭白秸秆资源循环利用。关键在于实现茭白秸秆的快速、有效回收及运输。同时要加强以茭白秸秆为原材料的有机肥制造工艺和技术的改进和提升。

第二章　茭白品种资源

第一节　上海地区主栽及引试种品种

上海地区的茭白品种均为外省引进，为了寻找适合本地地理、气候特点，适应市场需求的优良茭白品种，蔬菜技术推广技术人员做了长期的努力。首先是从全国各地引进了许多的茭白品种，在此基础上开展进一步的选育种工作，育成了一些较好的地方茭白品种。通过培训、指导和技术推广，新的品种逐步为当地茭农接受，栽培面积逐步扩大，形成了很好的规模效应。

一、青练茭

青练茭是青浦蔬菜科技人员于 20 世纪 60 年代从无锡广益茭品种中选育而成的一个地方品种，主要分布在青西地区。该品种属于双季茭品种。夏茭株高 165～175cm，叶长 117～127cm，叶宽 3～3.5cm，叶呈剑形，绿色。茭肉乳白色，形似梭子，4 节，自上而下渐小，上部 2～3 节有小瘤状突起。茭肉长 23～26cm，横径 3.3～4.2cm。单茭肉重 75～90g。秋茭株高 175～180cm，叶长 122～130cm，叶宽 3.1～3.4cm。茭肉长 24～26cm，横径 3.2～4.3cm。单茭肉重 80～95g。该品种具有性状一致、孕茭集中、适宜性强、生长强健、产量高、品种好、水分多等优点。

二、小发梢茭白（四月茭）

由上海青浦区蔬菜科技人员从苏州引进的二头早茭品种中，经过长期定向选育而成的春茭型品种，在青浦地区已经有 50 多年的栽培历史。植株高 143~155cm。叶呈剑形，绿色，长 106~120cm、宽 3~4cm。茭肉乳白色，似梭子形，由下至上渐小，先端较长，茭肉长 24~27cm、横径 3.5~4cm，单茭肉重 65~75g。生长势中等，种性较纯、早熟，产量较高，肉茎表面光滑或稍皱，纤维少，水分中等，品质较好。每亩产量 2 200~2 500kg。

三、无锡中介茭

中介茭为无锡地方品种，浙江省宁波、舟山等地区栽培较多、较广。属于中熟，夏秋兼用型双季节茭。夏茭植株高 165~175cm；叶长 117~127cm、宽 3~3.5cm，叶呈剑形，绿色；茭肉白色，似梭子形，共 4 节，自下而上渐小，上部 2~3 节具有小瘤状突起，肉长 23~26cm、横径 3.3~4.2cm；单茭重 75~90g。秋茭植株高 175~180cm；叶长 122~130cm、宽 3.1~3.4cm；肉长 24~26cm、横径 3.2~4.3cm；单茭重 80~95g。该品种具有性状一致、孕茭集中、适应性强、生长强健、发棵中等、产量高、品质佳、较抗病等优点。

四、杭州茭

从杭州地区引进的双季茭品种，该品种成熟期晚，分蘖能力强，植株高 185cm 左右，叶绿色，呈剑形，最大叶长 100cm 左右，叶宽 4cm 左右。茭肉呈白色，长 22cm，宽 4.5cm，单茭肉重 110g，商品性好，品质优。秋茭于 10 月中旬开始采收上市，到 12 月上旬采收结束。每亩产量一般 1 500 kg 左右。

五、宁波茭

从宁波地区引进的双季茭品种，生长势强，植株高 170～180cm。叶绿色，呈弯垂形，长 140cm，宽 3.4cm，茭肉乳白色，肉茎较粗，长 20cm，宽 5.1cm，单茭重 148g，品质甚佳。

六、浙大大白茭

从浙江桐乡引进，该品种晚熟，分蘖力强，植株高 200cm，叶绿色，呈剑形，最大叶长 120cm，叶片宽 4cm，茭肉白色较粗，长 25cm，粗 4cm，单茭肉重 130g，品质优。秋茭于 10 月 20 日开始采收上市，11 月 12 日采收结束，每亩产量 1 500kg。

七、一点红

从浙江引进的品种，为杭州艮山门外石桥乡地方品种。叶鞘外壳一侧有紫斑，茭肉露出的一侧常有红晕，故因此而得名。品种株高 150～200cm；肉茭较细长，一般长 26cm 以上，中部直径 4cm 左右；单茭重 150～200g，具有品质好、不易黑心等特性。一般春茭亩产量 1 000～1 250kg。

八、鄂茭 1 号

从湖北地区引进的单季茭品种，系武汉市蔬菜科学研究所从象牙茭变异单株中单墩系选育。长势强，株形较松散，植株高 185～195cm，叶绿色，呈剑形，最大叶长 120cm，宽 3.5cm，茭肉白色，肉茎较粗，长 21cm，宽 3.5cm，单肉茭重 95g。品质好，肉质细嫩，表皮光滑洁白，形状好，商品性佳，熟性较早。3 月底至 4 月底定植，上市集中，一般于 9 月中下旬上市，10 月上旬采收结束，每亩产量 1 200～1 500kg。

九、鄂茭 2 号

该品种是从中介茭的优良变异单株中选出的双季茭白品种，2000 年经湖北省品种审定委员会审定，分蘖力中等，植株高 200cm，叶绿色，呈剑形，最大叶长 130cm，宽 3.7cm，肉质茎蜡台形，表皮白色，光滑，肉质茎长 18~20cm，粗 3.5~4.0cm，单茭重 90~100g，品质优。秋茭极早熟，9 月上中旬上市，每亩产量 1 180 kg。夏茭中熟，5 月下旬至 6 月上中旬上市，每亩产量 800kg 左右。

十、秭归茭

从湖北秭归地区引进，系湖北秭归地方品种。该品种中熟，分蘖力中等，株高 160cm，叶绿色，呈剑形，最大叶长 100cm，叶片宽 3.8cm，肉质茎白带黑丝，长 20cm 左右，粗 3.5cm 左右，单茭肉重 85g 左右，品质较好，秋茭于 9 月中旬上市，10 月中旬采收结束，每亩产量 1 000kg。

十一、306 茭

从湖北省引进，该品种晚熟，分蘖力中等，株高 180cm 左右，叶绿色，呈剑形，最大叶长 95cm，叶片宽 3.5cm 左右，肉质茎白色，长 22cm，宽 3.5cm，单茭肉重 90g，品质一般，秋茭于 11 月初始收，11 月底采收完毕，每亩产量 950kg。

十二、北京茭（大白茭）

从北京引进，该品种属于中晚熟类型，分蘖力中等，植株高 190cm，叶绿色，呈弯垂形，最大叶长 110cm，叶片宽 4cm，茭肉乳白色较粗，长 25cm，粗 4.5cm，单茭肉重 130g，秋茭于 10 月初开始采收上市，10 月下旬采收结束，每亩产量 1 380kg。

十三、彰州茭

引自福建彰州市农家品种,主要分布在彰州地区各县。属于单季茭品种,晚熟,从定植至收获 180 天,持续采收 50 天。株高 190cm。叶狭长,披针形,深绿色。分蘖多。肉质茎近圆筒形,外表中下部黄白色,上部白色,肉纯白色。肉质茎长 26cm,横径 6cm,单茭重 120~150g。耐贮藏,肉质脆嫩,品质好。

第二节 国内其他品种资源

茭白是我国很重要的水生蔬菜品种,栽培地区较为广泛,以长江中下游地区的武汉、苏州、无锡、宁波、杭州一带栽培最多,上述各地都有许多很有特色的地方品种,以及农业技术部门和农业科研部门选育的品种。董昕瑜、周淑荣、郭文场、刘佳贺等在《中国茭白的品种简介》中曾对中国的茭白品种资源做了如下的介绍。

一、象牙茭

象牙茭原产浙江省杭州及周围地区。属于中熟单季茭品种,采收期 9 月中下旬至 10 月中上旬。株高 245~255cm,单茭重 100~110g。茭白光滑,棒头状,茭肉洁白如象牙,长约 33cm,肉质紧密,故名象牙茭。亩产量 1 000~1 200kg。

二、群力茭

单季茭品种,原产地为江苏。苏州地区 9 月初开始采收,采收期约一个月。株高约 240cm,净茭长约 20cm,茭肉由 4 节构成,基部 2~3 节呈短圆锥形,组织疏松。薹管约 3 节,长而明显。亩产量 1 000 kg 以上。

三、美人茭（吴岭茭）

美人茭原产浙江省绍兴本地农家，是浙江省缙云县的主栽品种。株高 180~220cm，茭白长椭圆形，白色，肉质茎长 25.6~33cm，直径 3~5cm，一侧带有红晕，肉质细嫩，纤维少，单茭重 150~200g，耐肥、耐涝、抗病力强，雄茭和灰茭少。定植后100~120 天开始采收。亩产壳茭 1 600~2 000 kg，高的可达2 500 kg 以上。

四、金茭 1 号

金茭 1 号是浙江省金华市农业科学研究院和浙江省磐安县农业局从磐茭 98 茭白变异株中选育的单季茭白品种。极早熟，7 月下旬至 8 月下旬采收。株高 240~260cm，单壳茭重 110~135g，平均重 124.6g，净茭 4 节，隐芽无色，茭肉长 20.2~22.8cm、宽 3.1~3.8cm，口感细脆，略带甜味。肉质茎表皮光滑、白嫩。叶鞘浅绿色覆浅紫色条纹。适宜生长温度 15~28℃，适宜孕茭温度 20~25℃。正常年份采收期 7 月下旬到 8 月下旬，平均亩产壳茭 1 400 kg。该品种耐肥力中等，耐寒性和抗病性较强，适宜海拔 500~700m 山区种植栽培。

五、金茭 2 号

金茭 2 号是浙江省金华市农业科学院选育的单季茭白品种。属于早熟品种。净茭粗壮，白色，肉质细嫩。亩产壳茭约 2 200 kg，适宜水库库区下游种植。

六、野墅茭

野墅茭是江苏省丹阳市蒋墅镇农科部门和丹阳市农业科技推广中心选育的品种。早熟。于 8 月下旬至 9 月下旬采收。株高

200~240cm，茭肉近圆柱形，上部尖，表面略有皱缩，皮肉白色，长约 20cm，直径 3.5~4.2cm，单茭重约 137g，亩产壳茭 1 500~2 000kg。

七、丽茭 1 号

丽茭 1 号为浙江省缙云县利用美人茭变异株选育的品种。极早熟，生育期约 97 天。在海拔约 800m 的地区，7 月中旬开始采收，7 月下旬至 8 月初进入盛采期。株高 240~250cm，肉质茎长 12~15cm，直径 3.5~4.5cm，单茭重 100~150g。亩产约 1 850kg。对胡麻斑病和锈病的抗性较强。

八、无为茭

无为茭是安徽省无为县的地方品种。早中熟。于 10 月上中旬采收。株高 225~265cm，肉质茎成熟时，茭肉内仅有白色菌丝体。肉质茎质地致密，长约 20cm，直径 3.5~4.0cm，单茭重 110~130g，亩产 1 000~1 250kg。

九、大苗茭白

大苗茭白为广东省农家品种。当地于 4 月育苗，7 月定植，9—11 月采收。耐热、耐肥，结茭位置高。单壳茭重 150~200g，亩产 1 250~1 400kg。

十、软尾茭白

软尾茭白为广东省农家品种。当地于 4 月育苗，7 月定植，10—11 月采收。耐肥、耐热，软矮生，结茭位置低。单壳茭重 150g，亩产 1 250~1 500kg。

十一、寒头茭

寒头茭为江苏省常熟地方品种。早中熟。当地于4月中下旬栽植，9月上旬开始采收，到10月下旬结束。茭肉长圆形，由4节组成，基部1~2节较长而粗，3~4节短而细。组织疏松，薹管较短，不明显。亩产壳茭750~1 000kg，植株较矮，适应性强，也可在河塘边栽培。

十二、骆驼茭

骆驼茭原产浙江省宁波郊区。中熟。当地于4月下旬至5月上旬栽植，9月中旬至10月中旬采收。植株较高，茭肉粗短。耐热、耐涝、耐贫瘠，适应性广。亩产壳茭1 250~1 500kg。

十三、鹅蛋笋

鹅蛋笋原产四川省成都及周边地区。中熟。当地于4月下旬至5月上旬栽植，10月采收。株高3m，茭肉粗短，圆柱形，表面乳白色。亩产壳茭1 000 kg。

十四、武汉红麻壳子

武汉红麻壳子茭壳青绿色，下部筋脉有淡红斑，故名红麻壳子。茭肉肥大，长30cm，直径4.5cm，棒槌形，中下部粗壮，肉白色，单茭重约150g，茭肉肥嫩，品质好。

十五、娄葑早

娄葑早为江苏省苏州郊区品种。晚熟。茭白成熟期在10月中旬。分蘖力强。株高230~235cm，肉质茎纺锤形，表皮光滑、较白，节盘圆形。肉质茎成熟时，茭肉内无黑粉菌冬孢子堆，仅有白色菌丝体。肉质茎长10~12cm，直径3.8~4.0cm，单茭重约 70g，包叶较多，亩产约 1 000 kg。

十六、秋雨茭优系

秋雨茭优系为湖北省武汉市蔬菜研究所从安徽的秋玉茭中选育的品种。株高约 235cm，武汉地区 9 月下旬至 10 月中旬采收。单株结茭约 11.4 个，单壳茭重约 106g，净茭率 83.1%。净茭长约 18.8cm，直径约 4cm，厚约 3.6cm，肉质致密，冬孢子堆少或无。亩产壳茭 1 600 kg。

十七、杼子茭

杼子茭为杭州市优良地方品种，在杭州市郊及余杭等地栽培较多。秋茭中熟，当地于 4 月中下旬小苗定植或 8 月上旬大苗定植，9 月下旬至 10 月上旬上市；夏茭晚熟，于翌年 5 月下旬至 6 月下旬上市，分蘖力中等，生长势弱。秋茭株高 220～230cm，耐肥、耐涝、忌连作。适宜夏、秋季栽培，也可春季栽培。秋茭苗产 1 000 kg 左右，夏茭苗产量 1 000~1 750 kg。肉质茎表皮稍皱，有瘤状凸起，纤维少。肉质茎长 15～20cm、宽 3.8～4cm，单茭重 70~100g。

十八、蚂蚁茭

蚂蚁茭为浙江省杭州农家品种。秋茭晚熟，于 10 月上中旬上市；夏茭早熟，于 5 月上市，分蘖力较强，生长势弱，耐肥。秋茭株高 220～225cm，亩产 700～1 000kg；夏茭亩产 1 250～1 500kg。肉质茎表皮白，上部略皱，质地较疏松，肉质茎长 18~20cm、宽 3.5~4.0cm，单茭重 90~100g。

十九、小蜡台

小蜡台为江苏省苏州地方品种。双季茭，秋茭株高 225～

230cm，夏茭株高 130cm 左右。秋茭中熟，于 9 月下旬至 10 月上旬上市。夏茭早熟，于 5 月上中旬上市。分蘖力和生长势中等。表皮乳白色，光滑。茭肉棍棒形，主要由基部第 2 节构成，基部第 1 节茭肉较长而粗壮。每节端部鼓突，端部 2~3 节短缩构成似点燃后的蜡烛台，故名。茭肉较小，组织致密，品质较好。采收后期基部皮色易变青。平均每墩结茭数秋茭 4.9 个、夏茭 9.65 个，茭肉长 14.8cm，直径 2cm，重 25g。秋茭亩产壳茭约 750kg，夏茭亩产壳茭 1 000~1 500kg。

二十、中蜡台

中蜡台为中熟品种，表皮乳白色，光滑，形似小蜡台，而基部第 2 节茭肉较长而粗壮。组织致密，品质佳。成熟时，叶鞘一边开裂，茭肉基部退化，肉质腋芽显紫红色。平均每墩结茭数秋茭 5.6 个、夏茭 9.9 个，茭肉长 16.5cm，直径 2.29cm，重 345g。

二十一、浙茭 2 号

浙茭 2 号为双季茭白中熟品种，由原浙江农业大学于 1990 年育成，经浙江省农作物品种审定委员会审定命名的双季茭白。茭形较短而圆胖，表皮光滑、洁白、质地细嫩，无纤维质，味鲜美。田间生长势较强，叶色青绿坚挺，抗逆性强，适应性广，优质，高产。

二十二、水珍一号

水珍一号茭白属中晚熟品种，适宜春栽，耐高温，夏茭产茭高峰期为 6 月中旬至 7 月中旬，秋茭高峰期为 9 月中旬至 10 月上旬。茭白外观梭子形，茭肉长 21~25cm，表皮洁白，无皱纹，肉质细嫩，味略甜，口感好，品质佳，营养丰富。平均单株茭肉重 87g，净肉率占商品壳茭 70% 以上。生长势强，分蘖旺盛，收获期长，适应性广，高产优质，亩产 1 700~2 000kg。

二十三、西安茭白

西安茭白分蘖强、长势旺，株高 250~255cm。叶片长 165~170cm 宽，4.5~5cm，叶鞘长约 50cm，薹管长约 10cm，单茭净重 70g，壳茭重 90g。产品竹笋形，表皮光滑、洁白，肉质细微。

二十四、8602 茭白

系武汉蔬菜研究所采用单蘖系选育的双季茭品种，分蘖强，长势较弱，株高 200~210cm。叶片长 150~155cm、宽 3.5cm，叶鞘长 50cm，薹管仅 1~2cm。茭肉竹笋形，表皮极皱且有瘤状突起，不易变绿，肉质细微，单茭净重 80g，壳茭重 100g。

二十五、龙茭 2 号

桐乡市农技推广中心、浙江省农业科学院植物保护与微生物研究所等单位从梭子茭优良变异单株中选育而成的双季茭白新品种。该品种表现植株生长旺盛，分蘖率强，抗病虫性好，耐低温性强，茭肉表皮光滑，肉质细嫩，丰产性好，商品性极佳。秋茭壳茭质量 129~148g，净茭质量 89~100g，平均亩产量 1 500kg；夏茭壳茭质量 140~160g，净茭质量 100~110g，产量 2 900 kg。

二十六、浙茭 6 号

属双季茭品种，植株较高大，秋茭株高平均 208cm，夏茭株高 184 厘 cm；叶宽 3.7~3.9cm，长 47~49cm，秋茭有效分蘖 8.9 个/墩。壳茭重 116g；净茭重 79.9g；肉茭长 18.4cm；粗 4.1cm；茭体膨大 3~5 节，以 4 节居多，隐芽白色，表皮光滑，肉质细嫩，商品性佳。孕茭适温 16~20℃，春季大棚栽培 5 月中旬到 6 月中旬采收，露地栽培约迟 15 天。秋茭 10 月下旬到 11 月下旬采收，秋茭平均亩产 1 580 kg，夏茭平均亩产 2 504 kg。

二十七、龙茭 2 号

属双季茭品种，植株生长势较强，株型紧凑直立。秋茭株高 170cm 左右，长 45cm 左右，平均有效分蘖 14.7 个/墩，壳茭重平均 141.7g，肉茭重 95g 左右，净茭率 68%左右，茭肉长 22cm 左右。夏茭株高 175cm 左右，长 36cm 左右，平均有效分蘖约 19 个/墩，壳茭重 150g 左右，肉茭重 110g 左右，净茭率 70%以上，膨大的茭体 4~5 节，茭肉长约 20cm。茭肉白色，可溶性总糖含量 1.7%，干物质含量 6.0%，粗纤维 0.79%。秋茭平均亩产 1 556 kg，夏茭平均亩产 2 986 kg。

二十八、六月茭

又名河姆渡茭，属早熟品种，该品种抗灰茭能力强。株高一般在 2m 左右，生长势较强，分蘖中等，灰茭很少，产量高。茭肉形似梭子形，表皮光滑，肉质白嫩，品质优良。茭肉单重 77g，长 18.3cm，横径 3.3cm。壳茭亩产 1 500 kg 左右，于 7 月中旬至 8 月底收获。

第三章 茭白高产绿色栽培技术及接茬模式

第一节 茭白高产绿色栽培技术

一、青练茭高产绿色栽培技术

青练茭属于双季茭。双季茭又称"二熟茭"。种了一次可采收二熟，最多三熟。当年春季栽植，秋季第一次采收，称为"秋茭"或"稻茭""米茭""新茭"；到翌年初夏又收茭白，称为"夏茭"或"麦茭""老茭"，这次采收后也可留至秋季再收第三次，但由于产量远不如前二次高，所以一般都翻种水稻或其他作物。

双季茭的品种有青练茭、杭州茭等。"青练茭"是青浦区农业科技人员经长期定向选育而成的双季茭优良品种。

茭白可露地栽培，也可保护地栽培。

青练茭露地栽培技术主要有以下几个方面。

1. 精选良种及育苗

青练茭是采用分株繁殖的。茭白的食用部分是肥嫩的肉质茎，是因茭白花茎受一种可食用的黑粉菌的寄生和刺激，其先端数节畸形发展、膨大充实而形成。黑粉菌冬季随茭白地下匍匐茎在土中越冬，翌年随茭白植株萌芽、叶片生长而寄生茭白全株。

正常茭在生长过程中，即使栽培管理得很好，也难免产生寄主茭白与黑粉菌两者任何一方性状的改变，从而导致雄茭和灰茭的发生。雄茭不能孕茭，灰茭难以食用。因此，选种工作十分重要，及时抓住时机进行选种，是获得早熟稳产、优质高产种株的基础。

双季茭的选种，一般在秋季大田中进行。选择种株的要求是：植株生长整齐一致、长势中等，薹管短，分蘖性强，每墩茭白的有效分蘖 16～20 个，分蘖紧凑，孕茭率高，采收期集中，茭肉肥壮白嫩。具有本品种特征特性。无雄茭、灰茭。具体方法是采取"三选"，即初选、复选、定选。

青练茭初选是在第一次采收茭白以后、第二次采收将开始时，一般是 9 月中旬，选择符合种株要求的茭墩，做上标记。复选是对已做上标记的，进行全面细致的检查，淘汰杂种或变异株。定选是茭白采收结束时，再观察茭墩，剔除灰茭、病株。从初选到定选，入选率一般在 70%左右。在精选的基础上，12 月初割除定选种墩的地上部枯叶，取茭墩的一半，将近地面的地上茎连同地下根茎带土挖起。将种墩排列在苗床田里。每亩大田一般需种墩 400 个左右。苗床田应靠近来年的种植大田，便于运苗。苗床田应平整，排灌方便，土壤肥沃，每亩一般施腐熟农家肥 2 000kg。种墩排列要均匀，各墩之间留 5cm 间距，保持水平状态，使灌水后水层深度一致，以防处于较高位置的种墩，因水层太浅冬季冻坏根茎，或春季萌芽期处于较低位置的种墩，因水层太深而烂芽。冬春季不断水。萌芽后、秧苗生长期各追肥 1次，每亩苗床两次共施三元复合肥 20kg。培育适令壮秧，至移栽时苗高控制在 25～30cm，茎叶粗壮，无病虫害，具抗逆性。

2. 茬口安排

青练茭种植的茬口比较多。选择定植期的总原则是：使茭肉膨大期处在气候条件（主要是温度）最适宜的月份里。一般茬口是：3月下旬至4月上旬定植青练茭——秋季收获秋茭——老茭越冬后，翌年夏季收获夏茭——后茬种植水稻或其他作物。

茭白生长对环境温度的要求：气温5℃以上时，开始萌芽；气温15℃以上，抽生叶片逐渐加快；分蘖适宜温度为20~30℃；茭白孕茭始温18℃，适宜温度20~25℃，低于10℃或超过30℃，一般不能结茭，即使结茭也很瘦小，品质也差。气温降至5℃左右时，植株地上部逐渐枯萎，地下部留存土中越冬。

3. 整地与施基肥

双季茭生长期长，植株高大、采收量大，因此属于需肥量大的作物。栽植田选择土层深厚、富含有机质、保水性好而又肥沃的黏质壤土为适宜。冬季将土地早翻耕熟化，耕深20cm。冬季耕翻晒垡两次以上。定植前每亩施腐熟农家肥3 000kg、三元复合肥（N：P：K=15：15：15）60kg，大田灌水后再翻耕，整平耙细。大田四周埂高33cm，宽50cm，利于孕茭时灌深水及采茭等农事操作。

茭白一生中需要大量的肥料。腐熟农家肥是很好的有机肥，有机肥料施入耕作层后，肥料逐步分解，同时不断释放有效养分，源源不断地供给茭白吸收利用。有机肥料的矿质营养比较完全与丰富，不但含有氮、磷、钾、钙、镁、硫等大量元素，而且含有铁、硼、锰、锌、铜、氯、钼等微量元素。这些大量元素与微量元素都是茭白生长的必需元素，是与化肥不一般的。有机肥料还能改善土壤的团粒结构。所以种植茭白时要多用有机肥料。

农家肥料在制备过程中，必须经过高温发酵，以杀灭各种寄生虫卵、病原菌和杂草种子，同时去除有害的有机酸和有害的气体，达到无害化卫生标准。这样的肥料才有利于农作物的吸收与生长。农家肥料堆置时最好的方法是用河泥浆密封肥堆，使其充分发酵。

4. 定植

定植期一般在 4 月上旬，但也可适当提前到 3 月下旬，有利于早分蘖。将种苗连墩挖起，再用快刀分切成带 2~3 株苗的小墩。按 70cm×80cm 的株行距栽入大田，每穴苗 3~5 株，每亩栽 1 200 穴左右。

栽植深度要恰当，应浅栽，苗基部与大田泥土持平为好，有利于早活棵，早分蘖。定植后及时查苗、补苗，确保齐苗。

5. 田间管理

(1) 水分。茭白在不同的生长期，对水的深度要求不同，整个生长过程一般掌握由浅到深，再由深到浅。茭白栽植后到分蘖前期，浅水勤灌，保持 5~6cm 水层，利活棵与提高地温，促进分蘖与发根。以后适当加深水层至 12cm 左右。7 月中旬以后，加深水层至 13~17cm，以控制无效分蘖的发生。大暑节气，应加深水层，降低土温。生长过旺的田块，可采取排水搁田的方法，控制地上部旺长。进入孕茭期，施好孕茭肥后，灌深水 20~25cm，使茭白在深水中膨大，可使茭肉白嫩粗壮，但水深度不能超过茭白眼，否则水进入叶鞘内部，会引起茭肉腐烂。茭白采收结束后，及时脱水搁田。搁田应适度，过度会抑制翌年春后发棵，造成生长缓慢。掌握在田间行走见脚印，但又不陷脚。继后，割尽老叶，挖起种墩。

老茭田水分管理。12 月底施冬肥后，灌水。冬季以水防冻。结冰时，保持 3~5cm 厚的水层。在无冰冻情况下，冬季和早春尽量保持 1~2cm 厚的浅水层，以提高地温，促进植株尽快生长。3 月底进入孕茭期后，水位逐步加深至 20cm。

(2) 肥料。根据茭白生长特性分期施肥，应掌握前轻后重的原则。春季移栽半个月后，施一次速效肥，称催苗肥。用量根据基肥、苗情而定，一般每亩施碳酸氢铵 50~70kg，隔 10 天左右再施一次重肥，每亩碳酸氢铵 50kg，三元复合肥 20kg。

此后停止一段时期施肥，使叶色褪淡，以控制生长过旺而影响孕茭。

7月中旬再追碳酸氢铵60kg及钾肥20kg。秋季在气候转凉、植株生长转缓、部分分蘖发扁，开始孕茭时再重施一次孕茭肥，每亩施碳酸氢铵80kg，三元复合肥20~30kg。

老茭田肥料管理。茭白进入越冬期后，施冬肥，每亩施腐熟农家肥3 000kg、三元复合肥80kg。次春3月中旬，每亩施碳酸氢铵90kg左右。预测4月的长势长相处于茭白植株外叶嫩绿色、心叶淡黄色、生长旺盛的态势。如果达到这样的状态，到5月下旬采收夏茭时，不必再追肥。

(3) 中耕、除草、除老叶。茭白定植活棵后进入分蘖期，要进行中耕除草，以提高土温和土壤通透性，加快肥料分解。8月上中旬进行1~2次清除老叶、病叶。病、老叶随即踏入田中。冬季割除茭墩地上部枯叶残株，并带出田间，集中堆放。立春前后及时清除田间杂草。

(4) 疏苗。茭白的老茭田要进行疏苗。上年新栽的茭白经过越冬，便成为老茭。老茭田在春季萌发的新苗，每墩苗数可达20~40根，甚至有70多根。这样多的苗，不可能都孕茭，即使孕茭，质量也不好，所以要把过多的苗除去，这叫"疏苗"。

越冬而来的青练茭茭田早春萌发新苗后，苗高20cm左右时，及时疏苗。一般在3月上中旬，分二次进行。用人工拔苗和烂泥块压茭墩中间的苗的方法，去除弱苗、小苗、过密丛苗，最后每墩留20株左右健壮苗。以提高孕茭率，孕大茭。经过疏苗，每亩大田苗数控制在2.5万株左右。

6. 病虫防治

茭白主要害虫有二化螟、长绿飞虱等；主要病害有茭白锈病、胡麻斑病、纹枯病等。

（1）农业防治。

①合理轮作。

②清洁田园。及时清除田间病叶及病残株，集中处理。

③多施有机肥，少施化肥。增施磷钾肥，避免偏施氮肥。

（2）药剂防治。

①二化螟。可用32 000IU/mg苏云金杆菌可湿性粉剂150~200g/亩，或25.5%阿维·丙溴磷乳油60~80ml/亩，或2%甲氨基阿维菌素苯甲酸盐微乳剂100g/亩。发生较重田块建议使用200g/L氯虫苯甲酰胺悬浮剂10ml/亩，或100g/L氟虫·阿维菌素悬浮剂30~40ml/亩，或40%氯虫·噻虫嗪水分散粒剂20g/亩喷雾防治。

②长绿飞虱。低龄若虫期防治。可选用10%醚菊酯悬浮剂50~60ml/亩，或25%噻嗪酮可湿性粉剂40~60g/亩，或30%混灭·噻嗪酮乳油100ml/亩，或25%吡蚜酮可湿性粉剂30~40g/亩喷雾防治。

③锈病。250g/L嘧菌酯悬浮剂60~800g/亩，或37%苯醚甲环唑水分散粒剂20~30g/亩，或50%异菌脲可湿性粉剂60~80g/亩喷雾防治。

④胡麻斑病。在发生初期开始，每隔7~10天用药防治1次，可选择6%春雷霉素可湿性粉剂200~400g/亩，或20%井冈霉素可湿性粉剂30~40g/亩，或50%异菌脲可湿性粉剂40~60g/亩喷雾防治。

⑤纹枯病。可选用11%井冈·己唑醇可湿性粉剂60~80g/亩，或6%井冈·蛇床素可湿性粉剂60g/亩，或15%井冈霉素A可溶性粉剂70g/亩，或10%井冈·蜡芽菌悬浮剂150ml/亩。发病严重田块建议选用240g/L噻呋酰胺悬浮剂20ml/亩喷雾防治。

7. 采收

秋茭采收适期：茭白心叶短缩、肉质茎显著膨大，包裹茭肉的叶鞘中部有1cm开口，3片外叶的茭白眼合在一条线上。

夏茭一般掌握在八成熟时采收。茭白心叶短缩、肉质茎显著膨大、包裹茭肉的叶鞘中部稍有开口、3片外叶的茭白眼合在一条线上时，基本上是采收的适时。

2~3天采收1次。气温高时采收要及时。采收后，切除叶片和薹管。半光茭或光茭上市。采用合格水源清洗。

秋茭一般亩产量2 500 kg；夏茭一般亩产量3 000 kg。

二、杭州茭高产绿色栽培技术

杭州茭属于双季茭。"杭州茭"是20世纪90年代初从浙江杭州地区引进的双季茭品种。

茭白可露地栽培，也可保护地栽培。

杭州茭露地栽培技术主要有以下几个方面。

1. 精选良种及育苗

茭白是采用分株繁殖的。茭白的食用部分是肥嫩的肉质茎，是因茭白花茎受一种可食用的黑穗菌的寄生和刺激，其先端数节畸形发展、膨大充实而形成。黑穗菌冬季随茭白地下匍匐茎在土中越冬，翌年随茭白植株萌芽、叶片生长而寄生茭白全株。正常茭在生长过程中，即使栽培管理得很好，也难免产生寄主茭白与黑穗菌两者任何一方性状的改变，从而导致雄茭和灰茭的发生。雄茭不能孕茭，灰茭难以食用。因此，选种工作十分重要，及时抓住时机进行选种，是获得早熟稳产、优质高产种株的基础。

双季茭的选种，一般在秋季大田中进行。选择种株的要求是：植株生长整齐一致、长势中等，薹管短，分蘖性强，每墩茭白的有效分蘖16~20个，分蘖紧凑，孕茭率高，采收期集中，茭肉肥壮白嫩，具有本品种特征特性，无雄茭、灰茭。具体方法是采取"三选"，即初选、复选、定选。

杭州茭选种是在秋季第一次采收茭白以后、第二次采收将开始时，一般是 10 月上中旬，选择符合种株要求的茭墩，做上标记。复选，是对已做上标记的，进行全面细致的检查，淘汰杂种或变异株。定选是茭白采收结束时，再观察茭墩，剔除灰茭、病株。从初选到定选，入选率一般在 70% 左右。在精选的基础上，12 月初割除定选种墩的地上部枯叶，取茭墩的一半，将近地面的地上茎连同地下根茎带土挖起。将种墩排列在苗床田里。杭州茭每亩大田一般需种墩 300 个。苗床田应靠近翌年的种植大田，便于运苗。苗床田应平整，排灌方便，土壤肥沃，每亩一般施腐熟农家肥 2 000 kg。种墩排列要均匀，各墩之间留 5cm 间距，保持水平状态，使灌水后水层深度一致，以防处于较高位置的种墩，因水层太浅冬季冻坏根茎，或春季萌芽期处于较低位置的种墩，因水层太深而烂芽。冬春季不断水。萌芽后、秧苗生长期各追肥 1 次，每亩苗床两次共施三元复合肥 20kg。培育适令壮秧，至 3 月下旬分苗"假植"时，苗高控制在 25~30cm，茎叶粗壮，无病虫害，具抗逆性。

杭州茭的定植期是在 5 月下旬至 6 月中旬，因此杭州茭的育苗有一个分苗"假植"过程。在 3 月下旬至 4 月上旬将培育的种苗，单株带根移植到"假植"育苗田里，株行距为 30cm×30cm。

2. 茬口安排

选择杭州茭定植期的总原则是：使茭肉膨大期处在气候条件（主要是温度）最适宜的月份里。一般茬口是：5 月下旬至 6 月中旬定植杭州茭——秋季收获秋茭——老茭越冬后，翌年夏季收获夏茭——后茬种植水稻或其他作物。

茭白生长对环境温度的要求：气温 5℃ 以上时，开始萌芽；气温 15℃ 以上，抽生叶片逐渐加快；分蘖适宜温度为 20~30℃；茭白孕茭始温 18℃，适宜温度 20~25℃，低于 10℃ 或超过 30℃，一般不能结茭，即使结茭也很瘦小，品质也差。气温降至5℃左右时，植株地上部逐渐枯萎，地下部留存土中越冬。

3. 整地与施基肥

双季茭生长期长，植株高大、采收量大，因此属于需肥量大的作物。栽植田选择土层深厚、富含有机质、保水性好而又肥沃的黏质壤土为适宜。定植前每亩施腐熟农家肥3 000 kg、三元复合肥（N∶P∶K=15∶15∶15）60kg，大田灌水后再翻耕，整平耙细。大田四周埂高33cm，宽50cm，利于孕茭时灌深水及采茭等农事操作。茭白一生中需要大量的肥料。腐熟农家肥是很好的有机肥，有机肥料施入耕作层后，肥料逐步分解，同时不断释放有效养分，源源不断地供给茭白吸收利用。有机肥料的矿质营养比较完全与丰富，不但含有氮、磷、钾、钙、镁、硫等大量元素，而且含有铁、硼、锰、锌、铜、氯、钼等微量元素。这些大量元素与微量元素都是茭白生长的必需元素，有机肥料还能改善土壤的团粒结构。所以种植茭白时要多用有机肥料。

农家肥料在制备过程中，必须经过高温发酵，以杀灭各种寄生虫卵、病原菌和杂草种子，同时去除有害的有机酸和有害的气体，达到无害化卫生标准。这样的肥料才有利于农作物的吸收与生长。农家肥料堆置时最好的方法是用河泥浆密封肥堆，使其充分发酵。

4. 定植

杭州茭的生长势比较旺盛，生长进程较快，分蘖性又较强。杭州茭的定植期一般在5月下旬至6月中旬。定植过迟，分蘖太少，当年产量不高。盛夏又即将来临，高温对活棵有很大的影响，成活率降低。亩种植密度1 100墩左右，株行距80cm见方。将种株从"假植"田中挖起，分成单株，去除叶梢，单株定植。

5. 大田管理

（1）水分。定植至活棵，水位一般是3~4cm。活棵后到分蘖前期，保持 5~6cm 的水位。分蘖后期，水位逐步加深到 10cm 左右。大暑节气，水位加深到 12~15cm。孕茭期的水位加深到 20cm 左右。

秋茭采收结束后，及时脱水搁田。搁田应适度，过度会抑制翌年春后发棵，造成生长缓慢。掌握在田间行走见脚印，但又不陷脚。继后，割尽老叶，挖起种墩。

老茭田水分管理。12 月底施冬肥后，灌水。冬季以水防冻。结冰时，保持 3~5cm 厚的水层。在无冰冻情况下，冬季和早春尽量保持 1~2cm 厚的浅水层，以提高地温，促进植株尽快生长。3 月底进入孕茭期后，水位逐步加深至 20cm。

（2）肥料。定植半个月后，施一次速效肥，称催苗肥。用量一般每亩施碳酸氢铵 50~70kg，隔 10 天左右再施一次重肥，每亩碳酸氢铵 50kg，三元复合肥 20kg。8 月中下旬亩施碳酸氢铵 60kg 及钾肥 20kg。秋季在气候转凉、植株生长转缓、部分分蘖发扁，开始孕茭时再重施 1 次孕茭肥，每亩施碳酸氢铵 80kg，三元复合肥 20~30kg。

老茭田肥料管理。茭白进入越冬期后，施冬肥。每亩施腐熟农家肥 3 000 kg、三元复合肥 50kg。次春 3 月上旬，每亩施碳酸氢铵 80~90kg，三元复合肥 20~30kg。预测 3 月底的长势长相处于茭白植株外叶嫩绿色、心叶淡黄色、生长旺盛的态势。这样到 5 月中旬采收夏茭时，不再追肥。

（3）中耕、除老叶。茭白定植活棵后进入分蘖期，要进行中耕，以提高土壤通透性，加快肥料分解，有利分蘖。9 月上中旬进行 1~2 次清除老叶、病叶。病、老叶随即踏入田中。冬季割除茭墩地上部枯叶残株，并带出田间，集中堆放。立春前后及时清除田间杂草。

（4）疏苗。茭白的老茭田要进行疏苗。上年新栽的茭白经过越冬，便为老茭。老茭田在春季萌发的新苗，每墩苗数可达

20~40根，甚至有70多根。这样多的苗，不可能都孕茭，即使孕茭，质量也不好，所以要把过多的苗除去，这叫"疏苗"。

越冬而来的杭州茭茭田早春萌发新苗后，苗高20cm左右时，及时疏苗。一般在3月上中旬，分二次进行。用人工拔苗和烂泥块压茭墩中间的苗的方法，去除弱苗、小苗、过密丛苗，最后每墩留20株左右健壮苗。以提高孕茭率，孕大茭。经过疏苗，每亩大田苗数控制在2.5万株左右。

6. 病虫防治

同青练茭高产绿色栽培技术中的病虫防治。

7. 采收

秋茭采收适期：茭白心叶短缩、肉质茎显著膨大，包裹茭肉的叶鞘中部有1cm开口，3片外叶的茭白眼合在一条线上。

夏茭一般掌握在八成熟时采收。茭白心叶短缩、肉质茎显著膨大、包裹茭肉的叶鞘中部稍有开口、3片外叶的茭白眼合在一条线上时，基本上是采收的适时。

2~3天采收1次。气温高时采收要及时。采收后，切除叶片和薹管。半光茭或光茭上市。采用合格水源清洗。

秋茭一般亩产量2 500 kg；夏茭一般亩产量3 000 kg。

三、宁波四九茭高产绿色栽培技术

宁波四九茭在福建地区种植具有上市早、品质佳、抗性强、产量高、效益好等优点，一般亩产夏茭500kg（壳茭），最高每亩产量达2 300 kg。其高产绿色栽培技术如下。

1. 特征特性

宁波四九茭原产于浙江省宁波市郊区。夏茭早熟，秋茭晚熟。株高1.6~1.7m，分蘖性强，长笋多，早熟，高产，优质，抗病，耐肥，采收期长。肉质茎长圆锥形，单茭重61~75g。

2. 栽培要点

（1）选好种苗，适时寄秧。一般在 9 月中旬至 10 月上旬秋茭采收的时候选种，要求选择健壮、高度中等、茎秆扁平、纯度高的优质茭株作留种株，在茭墩上标记。在 11—12 月割去地上部枯叶，挖起茭墩（茭种），去掉雄茭株（叶脉数多于 9 条）和灰茭株，栽植于寄秧田里。

（2）科学选地，施足基肥。茭田应选择在阳光充足、耕层深厚、排灌方便、肥力中上等、富含有机质的非连作地。耕翻晒垡，灌水、溶田、细耙，筑实田埂，挖好排水沟，然后施足基肥，亩施商品有机肥 1 500 ~ 2 000 kg、碳酸氢铵 30 kg、复合肥 20 kg，水耕水整，耙平耙细，肥泥整合。

（3）适时移栽，合理密植。2 月掘苗移栽大田。把茭苗从寄秧田挖出，每丛附有健全分蘖苗 3~4 个，每苗有 3~4 片叶，并连一块老薹管进行分墩，用快刀劈开，不伤分蘖和新根，当天定植大田。种植密度以株行距 60 cm×60 cm，每亩植 1 200 丛，每丛 2~3 株苗为宜，每 3~4 行留一条工作沟。栽插深度为 3~5 cm。栽后灌水 1 cm，成活后加深水层，并及时查苗补苗，确保全苗。

（4）科学施肥，合理管水。追肥采用"前促、中控、后补"原则。第 1 次中耕时施 45%（15-15-15）复合肥 20 kg；分蘖时施尿素 7 kg、复合肥 17 kg；孕茭时施复合肥 20 kg。注意施好接力肥，第一次采收茭笋后每隔 25~35 天追肥 1 次，先后追肥 4 次，共使用复合肥 30 kg、钙镁磷肥 35 kg、尿素 10 kg、厩肥 30 kg。灌水要掌握"薄水栽植，深水活棵，浅水分蘖，中后期加深水层，湿润越冬"原则。分蔸移栽后一星期内保持寸水护苗，促长新根。移栽成活后灌 3.5 cm 水层，从萌芽到分蘖保持 3~5 cm 水层，分蘖后期到孕茭加深水层至 12~15 cm，但不能高过叶枕，以控制无效分蘖，促进孕茭。夏末秋初的高温季节，日灌夜排，降温防病，促进茭笋生长。

（5）及时除草，去枯除雄生长期应及时耘田除草，进入孕茭期要将植株枯叶、老叶去掉，把叶草踩入泥中沤作肥料。当分蘖10个以上时，在茭丛中央压一块泥，使茭蘖向茭丛四周生长。雄茭分蘖力强，植株高大，地下茎发达但不结茭，灰茭质量差，不堪食用，都应及时拔除。

（6）病虫防治。同青练茭高产绿色栽培技术中的病虫防治。

3. 适时采收

当茭肉部位明显膨大、叶鞘由抱合而分开、包茭肉的3片叶枕基本相齐、3片外叶长齐、心叶短缩、茭肉稍露，及时采收。采收时切忌损伤邻近分蘖。一般4~5天采收1次，4月下旬开采，5月上旬至6月中旬为采收高峰期，7月采收结束。

四、浙大茭白高产绿色栽培技术

1. 品种特性

浙大茭白品种是由原浙茭2号驯化选育而成，属于夏秋两熟的中熟品种，是上海市主栽品种之一。夏栽，当年以发棵分蘖生产秋茭，翌年以墩苗为主生产夏茭，整个大田生育周期为一年。该品种株高2m左右，叶宽3.5~4cm，分蘖性较强，抗逆性好，茭体成纺锤形，茭肉长18cm左右，横径4cm左右，单茭重90~120g，其外观洁白光滑，质地细嫩，营养丰富。该品种也适宜于设施栽培与窝泥栽培，达到既能提前夏茭上市时间，又能提高茭白的品质与产量之目的。

2. 产量目标

秋茭：1 500kg；夏茭：2 500kg。

3. 采茭要求

茭白长成似蜂腰状，茭白微露白1~1.5cm，即为采茭适期。秋茭早期采收，2~3天1次，后期气温低，茭白老化慢，可以

4~5 天采收 1 次。夏茭采收时，气温高，茭白老化快易发青，一般隔天采收。

4. 主要栽培技术

（1）秧田期。

寄秧时间：3 月下旬至清明前后。

寄秧规格：采用宽窄行，宽行为 80cm，窄行为 60cm，窄行双行种植，株距为 40cm，每穴 1~2 苗，用快刀将母株分开，亩插 2 380 丛。

秧田与大田比：1：8。

种苗要求：株形整齐，上年孕茭率高，分蘖节位低，没有雄、灰茭，并且采茭时间都较为一致的墩苗作为种苗。

基肥：寄秧前 1~2 天，亩施碳铵 30kg、过磷酸钙 30kg。

追肥三次：第一次寄秧后 15 天左右，亩施碳氨 30kg、氯化钾 10kg；第二次 5 月 5 日左右，亩施复合肥 30kg；第三次起身肥，在移栽前 5~6 天，亩施尿素 5~8kg。

水浆管理：薄水寄秧，深水返青，浅水促蘖。

田间管理：寄秧后 15 天左右，结合施肥，进行耕田除草 1 次，5 月 5 日前后，结合施肥再耘田除草 1 次，同时去除长势过旺或过弱的变异株。

（2）秋茭生长期。

移栽时间：6 月下旬至 7 月 5 日前，前作是早稻轮作的移栽时间可以推迟到 8 月 1 日前。

种植规格：采用宽窄行，宽行为 100cm，窄行为 80cm，窄行双行种植，株行距为 50cm，亩插密度 1 500 丛。

种苗要求：种苗田及时去除生长过旺、过弱或特别嫩绿、整齐度不好的茭墩。

移植时及时剪去上部叶片，留茎叶高度 30~40cm，选择阴天或晴天 16 时后移植。

基肥：亩施腐熟的有机肥1 000~1 200kg 或茭白专用有机肥120kg，不能用化肥作为基肥。

追肥：栽后 10~12 天，亩施碳铵、过磷酸钙各 30kg；第二次追肥在前次施肥后的 15~20 天，亩施俄产复合肥 30~50kg 或其他相应肥料；第三次，在 8 月底至 9 月初，亩施碳酸氢铵50kg、过磷酸钙各 20kg；第四次，当3%~5%的茭白采收后，视叶色巧施催茭肥，一般亩施 15~20kg，叶色浓绿的田块可以不施。

水浆管理：一般按浅—深—浅—露—深—浅的原则进行：插苗时浅水；插后深水返青；浅水促蘖；8 月下旬至 9 月初茭白封行前，进行露地搁田，控制无效分蘖，增加土壤的通气性；孕茭时深水护茭，但灌水深度不超过茭白眼；采茭结束后浅水活根，促进茭白地上部的营养回流至地下部。

田间管理：从定植成活后开始至封行前，每隔 15 天左右耕田除草 1 次，一般进行 2~3 次。第一次靠近根旁，以后逐次选离 6~7cm，以免伤根。第一次耘田除草时，可结合施肥、补缺，同时摘除抱茎的枯鞘叶，促进茭白早发。

去杂去劣：10 月中下旬采茭时，注意有雄茭、灰茭及变异株的茭墩，并做好标记，以便冬季掘出提纯茭白种性。

（3）夏茭生长期。

12 月上旬气温降到5℃以下时茭白植株自然枯萎，12 月下旬至 1 月初可以根据田块情况齐泥割平老茭墩，并及时掘出雄茭墩与灰茭墩，保持田平、湿润、不开裂。

1 月底至立春前施足施好夏茭基肥，每亩施有机肥 1 000 kg加碳酸氢铵、过磷酸钙各 20kg，并灌薄水，以提高土温，促进茭白短缩茎与地下匍匐茎芽萌发。

2 月底 3 月初视苗情施好苗肥，每亩施尿素 10~12kg 或相应的肥料。

3月中旬施好分蘖肥，每亩施俄产复合肥30kg左右，如苗肥少，可适当多施。

3月下旬至4月初选择种苗田的墩苗进行寄秧育苗。方法一：掘出老茭墩1/2的苗作为新棵茭白的种苗，每墩留下20苗左右生产夏茭；方法二：建立专门的种苗田，整墩掘出作为新棵茭白的种苗。

删苗疏茭墩及壅根：清明至谷雨期间，老茭墩根茎密集，分茎拥挤，当苗高33cm时进行疏苗，将细小密集的弱苗删去，每墩留强壮苗30根左右，同时在茭墩根基压泥壅根使分蘖散开，改善茭白个体营养状况。

长秆肥：删苗后，亩施俄产复合肥30~50kg或相应的肥料。

催茭肥：当茭白始产茭时，如叶色明显落黄，可亩施碳铵15~20kg，叶色浓绿的田块可以不施。

水浆管理：2—4月要求浅水勤灌，出苗后如遇寒潮应深水护苗；4月下旬至5月，茭白长秆时保持水层5~10cm；5月中下旬茭白孕茭后深水护茭，一般保持水层20cm左右。

耘田除草：结合施肥、删苗，耘田除草2~3次。

6月中下旬茭白收完后，翻耕，注意轮作，一般茭白种植2年后轮作一次，最好水旱轮作，也可以与水稻轮作。切忌再留秋茭，否则基本无收。

5. 综合防治措施

（1）秧田期。寄秧田应远离有污染的工厂及公路两旁。田块要求地势平整，肥沃、富含有有机质，同时保肥保水性强。寄秧时要求田块平整，田中无杂草。

4月上旬后重点做好二化螟与大螟为主的虫害防治：药剂可用32 000IU/mg苏云金杆菌可湿性粉剂150~200g/亩，或25.5%阿维·丙溴磷乳油60~80ml/亩，或2%甲氨基阿维菌素苯甲酸盐微乳剂100g/亩。发生较重田块建议使用200g/L氯虫苯甲酰胺悬浮剂 10ml/亩等。

（2）秋茭生长期。茭白种植田块应选择土壤耕作层深厚、肥沃、有机质含量高、灌排方便，并无工业"三废"污染，且上年未栽种茭白的田块。

据病虫测报防好病虫害：同青练茭高产绿色栽培技术中的病虫防治，注意更农药的交替轮换使用。

茭白主产区推广应用抗病良种+轮作+促早栽培+测土配方施肥+茭鸭共育（福寿螺发生地区套养中华鳖）+性诱剂+生物农药+化学农药的绿色栽培措施。

五、一点红茭白春季高产栽培技术

为了提高菜农种植茭白的经济效益，促进农业增效、农民增收，从 2002 年开始从浙江引进一点红茭白进行春季示范种植，结果表明：该品种株高 1.5~2.0m，叶鞘外壳一侧有紫斑，茭肉露出的一侧常带红晕；肉茭较细长，一般长 26cm 以上，中部直径 4cm 左右；单棒重 150~200g，具有品质好、不易黑心等特性。一般每亩产春茭 1 000~1 250kg、产值 3 000~3 750元。现将一点红春季高优栽培技术介绍如下。

1. 适时育苗

根据上杭县多年种植经验，低海拔地区（300m 以下）于 11 月中旬初进行育苗。一般在 11 月上旬末把苗头晒至六七成干，以缩短、打破茭白休眠期，然后将茭白苗头栽植到秧田。

2. 盖膜培育

选择避风向阳、土疏肥沃、排灌方便的田块做苗地。育苗前进行整地：每亩施腐熟有机肥 1 500~2 000kg 做基肥。整好地后按畦沟宽 1.2m 进行栽植，株行距 13cm×13cm，每亩栽植茭白苗头 32 500 株，栽植完成后及时用 2.5m 长的小竹片搭成拱形，盖上薄膜进行封闭加温育苗。

3. 苗期管理

茭白苗头栽植 7 天左右可出苗，出苗后应根据气温进行苗期管理。当膜内气温在 30℃ 以上时，必须揭膜通风，防止徒长，傍晚再盖上。其他时间都要进行薄膜覆盖，以促进茭白生长。

4. 视天气移植

当苗龄 25 天左右、苗高达 20~25cm 时开始炼苗。炼苗 5 天后，视天气情况进行移植（起苗时尽量多带土，以减少根系受机械损伤）。如遇气温降低应推迟移植，以免移植后影响茭白的正常发根。2004—2005 年连续两年进行的冬至前与冬至后不同时期移栽试验结果表明，冬至前移植的茭白苗，极易受到冬至低温、霜冻为害，茭白苗长势差，根系不发达，但分蘖增多，植株高低不等，田间长相似水稻普矮病，茭白细小，产量低。因此，大田移栽期一定要安排在冬至过后，否则移植后须盖薄膜防冻，以免影响茭白生长发育。

5. 合理密植、定苗

大田采取单行单株定植，株行距 1.0m×0.5m，每亩栽植 1 100 丛。分蘖高峰期过后，排水搁田至开细裂纹，并去除幼弱苗，每丛留粗壮苗 15~18 株，如果分蘖苗太多，则造成通风透光差，弱苗多，茭白细小，导致质量差、价格低。

6. 施足基肥、及时追肥

选择土壤肥沃、保水保肥力强的水稻田种植，种植前深耕翻犁，每亩施有机肥 1 000~1 500kg、碳酸氢铵 75kg、过磷酸钙 50kg 做基肥。移植缓苗返青后，及时追肥。重施分蘖肥，施孕茭肥。第 1 次追肥在移植后 10 天，每亩施复合肥 10kg、尿素 5kg；隔 15 天后再追施 1 次；移植后 90 天左右追施孕茭肥，每亩施复合肥 10kg、尿素 5kg、钙镁磷肥 20kg；开始采收后每 15 天追肥 1 次，每亩施复合肥 10kg。

7. 科学管水

茭白苗移植大田后，应根据茭白各生育时期生育特点进行科学管水。缓苗期水层应保持在 15~20cm；活棵后保持在 10cm；搁田定苗后要马上灌水，保持水层 10~16cm，以控蘖；孕茭以后，水层逐步加深，开始 16~23cm，到采收 1~2 次后应加深到 30~35cm，以使整个茭白沉在水下，防止茭白老化，提高质量。

8. 病虫害综合防治

茭白病虫害防治采取"预防为主，综合防治"的方针。通过农业技术措施，如增施有机肥、磷钾肥，及时剥去黄叶、老叶、病叶，加强通风透光，可提高植株抗病虫能力。当田间发生病虫为害时，应及时喷施高效、低毒、低残留农药进行防治：药剂选择参考同青练茭高产绿色栽培技术中的病虫防治。

9. 适时采收

茭白采收过迟，茭肉质地粗糙，品质下降；过早，虽茭肉白嫩，但产量低，影响经济效益。因此，当茭白尖上的白心弯了即可采收。以心叶短缩、3 片外叶长齐、茭白显著肥大、叶鞘裂开、茭白露白 1cm 时采收为宜。采摘时，自结茭下部节间处折断，注意不伤邻近未成熟的功茭和根株，以免影响产量。采收期在 4 月上旬到 6 月上旬，每隔 3~4 天采收 1 次。采收结束后，及时拔除茭白老苗，以免影响后茬作物种植。

六、无锡茭高产绿色栽培技术

无锡茭白以品质优良而闻名。其品种属于夏秋兼用型的二熟茭品种。秋茭的成熟期在中秋、国庆二大节日之时，夏茭的成熟期正值端午节，对于增加节日期间的蔬菜花色品种有较大的作用。

1. 新茭栽培技术

（1）选种。茭白是无性繁殖中种性很不稳定的一种作物，为提高茭白的产量和品质，必须进行严格选种。选种要从上年采收后期做起，把生长势中等偏弱，植株高度在 1.7~1.9m，最后一片完全叶宽度在 3.5cm 左右，最后一片心叶显著缩短，叶色较淡，茭白长 15cm 以上、成熟一致、无病虫、上市较早的植株入选作种，并做好标签，待种植时带土掘起分株移栽，每丛 3 根。

（2）田块要求。无锡茭白虽然适应性强，生命力旺盛，但选择好的环境要素仍是夺取优质高产的重要条件。为此应选用耕层 15cm 左右的地块。耕层过浅出茭少又小，耕层过深不但出茭蘖迟，而且施肥很难控制。要求土壤有机质含量为 3.5% 以上能保水保肥，排灌方便。种植不宜大面积连片，以利通风透光。切忌连作，若是连作田块，则茭白有效茎少，个体小，雄茎增加，病虫十分严重，一般要减产一半以上。

（3）适当稀植。因无锡茭白种后能采收二年（二季），生长期长，所以种植密度不能过紧，当 3 月底 4 月初日平均温度在 10℃ 以上时要抓紧移栽，一般行株距掌握在 110cm×50cm，亩栽 1 100 棵左右，比常规茭白少栽 750 株。

（4）合理搭配磷钾肥。施肥应掌握重施基肥促菜，不施苗肥保稳长，巧施孕茭肥催出茭、出大茭，氮磷钾配施夺高产的原则。基肥在整田时施下，亩施碳铵 75kg，普钙 30kg。苗肥一般不施，如特殊黄落、苗数不足的田块，可适量追施尿素 10kg 左右，切莫过量和多次施用，否则出茭要明显推迟，甚至叶片长又宽而不出茭。孕茭肥要施得巧，要根据茭白长势和生育进程，掌握在多数茭白扁蒲孕茭，少量茭白已可采收时施用，用量一般每亩施尿素 15kg 或碳铵 50kg 左右。为满足茭白的营养需求，还应配施硫酸钾每亩 15~20kg。经前几年大面积对比，施钾后叶阔叶厚，叶色变深，亩产量可增加 250kg。无锡茭（包括新老茭）全季共需施化学纯氮 20~25kg，过磷酸钙 30kg，钾肥 17.5kg。

（5）重抓管理。

①防病虫。参考青练茭高产绿色栽培技术中的病虫防治。

②注重除草。茭白因种植稀，空间大，杂草容易滋生蔓延。故控制和消灭草害是夺取茭白高产的重要措施，要求种后 3~5 天亩用 15% 乐草隆粉剂 50~60g，拌细土撒施，以后在植株郁闭前还应耘田 2~3 次，以控制整个生育期的杂草为害。

③轻度搁田。新茭移栽后要保持 5~8cm 的水层，以满足分蘖之需，等苗发足后（每丛 10~13 株，叶龄为 13 叶，时间在 6 月 15—20 日）要打好"井"字沟，使全田干湿均匀，进行适度轻搁，搁至不陷田时，就要复水，以后不再断水，搁田切不可搁至发白开裂的程度，这同原来八月茭的栽培法是截然不同的。

④摘除茎部黄叶病叶。新茭进入 7 月后，日平均温度达到 27℃ 以上，分蘖停止，苗茎足够，此时株高叶大，田间郁闭。据观察，若心叶为 N 叶，N~6 的老叶叶片开始开始黄化。为改善田间小气候，减轻病虫为害和养分浪费，在"双夏"之前，要及时摘除茎部黄叶、病叶，并带出田间。全季摘叶只需一次，若摘叶时间过迟或叶片剥得过多，茭白孕茭节位拔长，影响出茭，肉质变绿，不但影响外观，还要降低品质，影响经济效益。

2. 老茭栽培技术

（1）冬田。地下茎是下年茭白生长的基础，在越冬期一是要防止人为损坏，阻止机、牛下田踏伤根系；二是要保持土壤湿润，严防表土开裂，伤及根系，在大雨过后要检查缺口，防止堵塞。

（2）掘茭墩。头年新茭劣株，年底前要及早掘掉，且掘的范围要大些，防止地下茎翌年再生。阴历年底要及时割除枯残叶或用火将其烧毁，这样，既可减轻病虫为害又作灰肥施用。开春后，在茭白出苗前，要掘掉老茭墩，以减少养分浪费和今后的田间郁闭。

（3）早进水。到 2 月下旬，日平均气温达到 6.5℃ 时，茭白的休眠期结束，根系开始生长。当地下根状茎先端的休眠开始萌发时，就要灌水入田，促苗生长。

（4）删好苗。待茭白出苗后，要及时删苗 2~3 次，使新苗分布均匀，株距删至 18cm 左右，留苗 30 株。一块田中，老茭不是出苗越早越好，过早出的苗经常是头年采收时地下茎被脚踏过深之故，这种苗又细又长，日后，茭白不但个体小，而且影响第二批出苗茭白的产量和品质，所以最早出的细茭也要删掉。因老茭生长周期短，主茎叶片只有 13 叶，又经多次删苗，因此黄叶病叶很少，故不必摘叶。

（5）适断水。搁田的目的是促根深扎，促分蘖快。而老根已经很深，分蘖也不是靠搁田增多，因其生长周期短，出蘖时间早，在苗足时只断水不搁田，时间连续 3 天左右，断水 1 次后再不落干。

（6）治理好病、虫、草害。治病和虫害基本上同新茭一样，只是次数要减少 2~3 次。因老茭未经耘耙，故出草早，除草比新茭要早一星期。方法与新茭相同。

（7）提早施肥。老茭在 2 月下旬开始发根，在 3 月上中旬应不误季节及时施下基肥，施肥量同新茭，基肥施下后至孕前禁止施肥，否则将推迟出茭或不出茭。待极少数茭白开始收获时，看苗色施孕茭肥，数量为尿素 15kg 左右。

七、鄂茭 2 号双季茭白高产绿色栽培技术

1. 精细整地，施足基肥

鄂茭 2 号双季茭白适宜在灌溉方便，土质肥沃的田块种植。也适宜在冷浸田、深泥田、浅水塘及沼泽中生长。定植前半月犁耙整地，定植前 2 天再整 1 次，要水耕水整。耕整前施足基肥，每亩施腐熟农家肥 2 000 kg，过磷酸钙 50kg，尿素 15~20kg、氯化钾 15kg，硫酸锌 1kg，施后及时整田。

2. 适时定植, 合理密植

4月上旬苗高30cm时即可移苗定植。将种墩挖起来用快刀分解成小墩。具体做法: 用快刀顺着种墩的分蘖着生趋势分为数墩, 每个小墩略带老茎, 且劈口要直, 不能歪斜, 这样不伤新苗。每小墩留2~3株苗, 选晴天下午定植, 株行距60cm×75cm, 每亩植1 500株左右, 每株2~3苗, 栽苗深度4~5cm, 把老根全部埋入土中为宜。过深则分蘖不旺, 过浅则着土不牢, 易被风吹浮动。

3. 秋茭田管理

(1) 施肥。茭白定植10~15天, 返青后即进入分蘖期, 每亩施腐熟粪肥1 000kg或复合肥30~50kg, 促进茭白的生长发育和有效分蘖的发生。第二次追肥可在8月中旬。此时, 有20%~30%的茭白苗进入孕茭期。假茎开始发扁, 叶片伸出速率变缓, 可每亩施粪肥2 500~3 000 kg或复合肥30~40kg。

(2) 水位管理。茭白在不同的生育期对水位要求不同。定植分蘖前期宜浅水, 水位3~5cm, 利于土温的提高, 以促进分蘖和发根。6月底7月初可把水位加深到10~12cm, 降低土温, 控制无效分蘖的发生, 在田间追肥时, 如水位过高, 要把田间水位放低, 待肥料吸收后再灌水。遇大雨时, 要注意排水, 水位不能超过"茭白眼"。

(3) 茭田打叶。茭白定植成活后, 每10天左右耘田1次, 拔除田间杂草, 至封行为止。茭白分蘖后期(7月上中旬), 田间开始出现枯黄老叶和幼小无效分蘖。此时应从叶鞘基部打去枯黄叶, 除去无效分蘖, 使田间通风透光, 减少病虫害的发生。剥去黄叶和无效分蘖随即踏入田中作肥料。该过程可进行2~3次。

(4) 采收。茭壳一侧开裂露白后, 茭白即成熟, 可采收。茭白采收每隔2~3天1次, 以免老化而降低商品性。

(5) 留种。正常的茭白田内每年都会出现灰茭、雄茭等, 因此, 种植茭白要每年进行选种。选种的主要标准为: 茭墩内无灰、雄茭；符合本品种特征、特性；结茭整齐一致；薹管相对较低。

4. 夏茭田的管理

春栽的双季茭在秋茭采收完后，只挖起一半茭墩移入寄秧田，留一半在田间作为夏茭采收。秋栽的双季茭白则不动。

（1）清理秋茭田。待秋茭采收完后挖出田间的灰、雄茭，在 11 月或 12 月放干田水。齐泥割去老茭墩上的残株叶，并将残株老叶堆放在一起烧掉。这样可以烧死在苔管中过冬的二化螟及其他越冬的病菌。且齐泥而割的芽位整齐，翌年长出的新苗粗壮。

（2）肥水管理。冬季老茭田内不能干水，保持水位 2~3cm，在茭白萌芽的 2 月初可加深水位 7~10cm，用以提高土温，促使茭白早生根发芽。3 月初天气转暖，水位降至 2~3cm。茭白从萌芽到孕茭不足 3 个月时间，因此夏茭肥料的管理应按早而重的原则。一般在茭白萌芽后 15 天内，每亩施用复合肥 10~15kg。在茭白植株长到 20cm 左右，3 月上中旬再追肥 1 次，用复合肥 30~35kg，以后视苗情的长势，看苗施肥。

（3）疏苗。茭墩上新生的茭苗多达 50~60 个，因此必须对茭墩进行疏采。疏苗在苗高达 20cm 时进行 1 次，拔除弱苗和生长过密的苗，使每墩茭苗 20 根左右。对于缺苗的地方，可用疏出苗补上。游茭过密的地方适当疏苗，使整个田间的茭苗基本一致。

（4）及时采收夏茭。由基本苗和早期分蘖产生的夏茭在 6 月中旬至 7 月上旬采收。及时采收夏茭，既能提高其品质，又能促进其他分蘖的生长。采收时用刀轻轻将肉质茎从植株上割下，不要伤及其他植株，以免降低正在孕茭植株的单茭重和影响秋茭的正常生长。

（5）夏茭早熟选种法。鄂茭 2 号双季茭白可在夏茭采收初期选游茭做种。选择标准是：孕茭早，具本品种的特征特性，两侧各有一个分蘖苗，左右对称。将这种分株挖出移栽到留种田，采去主茎上的茭白，使其分蘖苗继续生长。秋季复选，看有无灰、雄茭。

5. 病虫害防治

参考青练茭高产绿色栽培技术中的病虫防治。稻蓟马的防治需要在春季彻底清除田边杂草，减少越冬虫口基数，加强田间管理，减轻为害，药剂防治用 10%吡虫啉可湿性粉剂 1 500 倍液或25%扑虱灵乳油 1 000 倍液喷雾防治。

八、保护地茭白早熟、高产栽培技术

茭白有许多不同的品种，可搭配种植，一年中茭白的供应期在 10 个月左右，对调节市场供应有很大作用。茭白可分为野生茭生态型和栽培茭生态型。栽培茭生态型又可分为单季茭和双季茭两个类群。茭白可露地栽培，也可保护地栽培。

杭州茭保护地栽培技术主要有以下几个方面。

1. 品种选择

茭白保护地栽培应选择双季茭类型、孕茭起点温度相对较低、并且品质优良、产量高的品种，如"杭州茭""青练茭"等，而杭州茭更具有这方面的优点。

单季茭的孕茭，要求较短的日照，也就是只能在秋季孕茭；而双季茭的孕茭，对日照的长短没有严格的要求，只要温度适宜、茭白植株具有一定的叶数、茎粗及一定的长势，就能够孕茭。

茭白保护地栽培是在春季进行的，当茭白绝大多数植株生长到孕茭所必须有的长势长相时，这时气候已处于长日照时期，如果选择单季茭品种，则绝大多数植株孕茭困难。为什么要选择孕茭起点温度相对较低的品种呢？这是因为，上半年气候温度变化的趋势是由低向高，保护地内的茭白植株生长进程比露地的要快，达到孕茭必须有的长势长相在时间上比露地的早，一般在 3 月底 4 月初，4 月上旬竹大棚已揭膜，选择了孕茭起点温度相对较低的品种，则有利于早孕茭、多孕茭、孕大茭，从而能获得保护地茭白的高产。

2. 棚型选择

从目前茭白保护地栽培来看：小拱棚、中拱棚太矮小，不适宜茭白生长。钢管大棚是比较好的，但投资太大，连栋大棚投资更大。要用钢管大棚、连栋大棚大规模栽培茭白，还不太现实。所以目前在茭白保护地栽培中，除了极少数采用钢管大棚外，一般都采取竹大棚型式。竹大棚多数采用竹竿或毛竹片搭建而成，为了增加牢度，还配有许多支撑材料。茭白植株高大，栽培茭白的竹大棚一般要求高 1.9~2m，宽 6m。棚的内净高度最好在 2m 以上，不能低于 1.9m，这样有利于茭白生长，通风量也大。特别是到了 3 月底 4 月初，如果棚矮小的话，则茭白叶与棚顶紧密接触，通风严重不良，导致茭白植株细弱，这时揭去棚膜后茭白植株极为伤害，生长明显受损。所以竹大棚搭建时，棚高尽可能在 2m。棚两旁的竹片要搭得比较陡直，有明显的棚肩，这样棚内侧的两边行茭白，生长就能良好。

3. 茬口选择

"杭州茭" 保护地栽培，是利用上半年定植的露地杭州茭老茭田，杭州茭秋茭在 11 月采收完毕后，放干田间积水，搁田。割尽茭墩的枯枝老叶，并将枯枝老叶带出田间，集中处理。一般在 12 月中旬搭建竹大棚，12 月 20 日左右覆盖农膜。亩密度 1 100 墩左右，株行距 80cm 见方。因此，在上半年定植茭苗时，密度和株行距就要策划好，尤其是行距要与保护地竹大棚的宽度相对应。

4. 大田管理

（1）冬春季水分、温度的管理。竹大棚栽培茭白，冬季以水防冻。在无冰冻情况下，冬季和早春尽量保持 1~2cm 厚的浅水层，以提高棚内温度，促进植株尽快生长。3 月底进入孕茭期后，水位逐步加深至 20cm。

茭白生长对环境温度的要求：气温 5℃ 以上时，开始萌芽；气温 15℃ 以上，抽生叶片逐渐加快；分蘖适宜温度为 20~30℃；茭白孕茭始温 18℃，适宜温度 20~25℃，低于 10℃ 或超过 30℃，一般不能结茭，即使结茭也很瘦小，品质也差。气温降至 5℃ 左右时，植株地上部逐渐枯萎，地下部留存土中越冬。

竹大棚栽培茭白温度管理，冬季竹大棚覆盖农膜后，要密闭棚膜，做好保暖措施，促进增温。一般在 1 月中下旬棚内温度达到 5℃ 以上时植株开始萌芽，以 10~20℃ 为生长适温。所以冬季和早春温度管理的重点是保暖增温。进入 3 月外界气温逐渐升高，当棚内温度达到 28℃ 以上时要通风，控制在 25℃ 左右，防止疯长。通风的另一个目的是换气，植株进行光合作用吸进二氧化碳。正常空气中，氧气所占比例为 20.9%，二氧化碳为 0.03%。由于植株的光合作用，密闭棚内的二氧化碳会不断减少，而通风可以不断补充二氧化碳，以满足作物正常生长需要。这样才能使植株生长更粗壮，尽早达到孕茭所需要的长势长相。终霜后揭膜、拆棚。

（2）冬季施基肥和早春追肥、除草。基肥于 12 月下旬至 1 月上旬施，每亩撒施腐熟农家肥 3 000 kg，或商品有机肥 300kg 左右。每亩再撒施尿素 25kg、蔬菜专用复合肥（N∶P∶K=9∶6∶10）50kg 左右。

茭白一生中需要大量的肥料。腐熟农家肥是很好的有机肥，有机肥料施入耕作层后，肥料逐步分解，同时不断释放有效养分，源源不断地供给茭白吸收利用。有机肥料的矿质营养比较完全与丰富，不但含有氮、磷、钾、钙、镁、硫等大量元素，而且含有铁、硼、锰、锌、铜、氯、钼等微量元素。这些大量元素与微量元素都是茭白生长的必需元素，是与化肥不一般的。有机肥料还能改善土壤的团粒结构。所以种植茭白时要多用有机肥料。

农家肥料在制备过程中，必须经过高温发酵，以杀灭各种寄生虫卵、病原菌和杂草种子，同时去除有害的有机酸和有害的气体，达到无害化卫生标准。这样的肥料才有利于农作物的吸收与生长。农家肥料堆置时最好的方法是用河泥浆密封肥堆，使其充分发酵。

2 月上中旬追早春肥，视苗势追肥。每亩一般撒施三元复合肥（N：P：K=15：15：15）15~20kg。春肥不能施得太迟，太迟影响早熟。同时要重视钾肥的应用。

立春前后及时清除田间杂草。

（3）疏苗。茭白的老茭田要进行疏苗。上年新栽的茭白经过越冬，便成为老茭。老茭田在春季萌发的新苗，每墩苗数可达 20~40 根，甚至有 70 多根。这样多的苗，不可能都孕茭，即使孕茭，质量也不好，所以要把过多的苗除去，这叫"疏苗"。

越冬而来的杭州茭茭田早春萌发新苗后，苗高 20cm 左右时，及时疏苗。一般在 2 月下旬至 3 月上旬，分两次进行。用人工拔苗和烂泥块压茭墩中间的苗的方法，去除弱苗、小苗、过密丛苗，最后每墩留 20 株左右健壮苗。以提高孕茭率，孕大茭。经过疏苗，每亩大田苗数控制在 2.5 万株左右。

（4）病虫防治。参考青练茭高产绿色栽培技术中的病虫防治。

5. 采收

保护地茭白 4 月中下旬一般可开始采收。当茭白心叶短缩、肉质茎显著膨大、包裹茭肉的叶鞘中部稍有开口、3 片外叶的茭白眼合在一条线上时，基本上是采收的适时。

夏茭一般掌握在八成熟采收。2~3 天采收 1 次。气温高时采收要及时。采收后，切除叶片和薹管。半光茭或光茭上市。采用合格水源清洗。一般亩产量 2 500~3 000kg。

九、茭白绿色栽培技术

1. 范围

本标准规定了茭白的术语和定义、要求。

本标准适用于上海市青浦区茭白的生产过程。

2. 规范性引用文件

下列文件中的条款通过本标准的引用而成为本标准的条款。凡是注日期的引用文件，其随后所有的修改单（不包括勘误的内容）或修订版均不适用于本标准。然而，鼓励根据本标准达成协议的各方研究是否可适用这些文件的最新版本。凡是不注日期的引用文件，其最新版本适用于本标准。

NY/T 391　绿色食品产地环境质量

NY/T 393　绿色食品农药使用准则

NY/T 394　绿色食品肥料使用准则

NY/T 1405　绿色食品水生蔬菜

3. 要求

3.1　产地要求

产地环境质量

应符合 NY/T 391 标准要求。水源充足、地势平坦、排灌便利，常年保持水层 3~20cm。

3.2　品种选择

根据市场需求和栽培季节，选择优质、抗性强、丰产性好的品种。

3.3　育苗

3.3.1　选种

茭白采用无性分株繁殖。茭白选种在孕茭期进行，选择植株生长整齐、长势中等，薹管短，分蘖性强，分蘖紧凑，孕茭率高，单茭只型大，茭肉肥壮白嫩，本品种特征明显、产量高的茭墩做好标记。在茭白采收即将结束时，进行复选，剔除孕茭不全、出现灰茭、病茭的茭墩。

春季定植每亩大田需种墩 333～400 个，夏季定植每亩大田需选留种墩 10～15 个。

3.3.2　苗床选择与准备

苗床应选择靠近定植大田，方便运苗，同时田块应达到灌排方便、土地平整、土壤肥沃。苗床每亩施入有机肥 500kg，作为基肥。耕田后，整平整细。

3.3.3　育苗方式

12 月下旬至 1 月上旬，割除定选茭墩的地上部枯叶，取茭墩的一半，将近地面的地上茎、连同地下根茎带土挖起。种墩均匀地排列在苗床内，种墩之间留 4～6cm 空隙，保持水平状态，使灌水后苗床田水层深浅一致。

夏季定植的，在 3 月下旬至 4 月上旬进行分苗，株行距30cm×30cm，单株定植。

3.3.4　苗期管理

冬春季不断水，苗期管理中当气温低于 0℃ 时灌 10～15cm 深水防冻，气温回升后需保持 3～5cm 浅水层。做好除草、防病治虫工作。

至定植时，苗高控制在 25～30cm，茎叶粗壮，无病虫害，具抗逆性。

3.4　定植

3.4.1　整田施肥

前茬出地后应及时翻耕，耕深 20cm。移栽前每亩大田施入有机肥 1 000kg 作基肥，灌水后进行翻耕，整平田块。

3.4.2　定植

春季 3 月下旬至 4 月中旬定植，将种墩分割成带 3～5 个分蘖的小墩栽入大田，株行距 70cm×80cm。

夏季 6 月定植，将种苗分成单株，割除叶片仅留叶鞘进行定植，株行距 80cm×90cm。

3.5　田间管理

3.5.1　肥水管理

春季定植的，前期肥水管理的目标是保活棵、促分蘖、应保持 3～4cm 的浅水层，在栽后 10～15 天，每亩施复合肥 15～30kg，进入孕茭期后，每亩追施复合肥 15～25kg，并保持 25～30cm 水层。秋茭采收结束后排干田间积水，冬季要灌水防冻。

夏季 6 月定植的，栽后应保持 10～15cm 水层，确保活棵，以后逐步降低水层至 3～4cm，8 月中旬每亩施复合肥 10～20kg，孕茭期水层保持 25～30cm。冬季断水时间不宜过长，2 月上旬复水，3 月中下旬可视长势，每亩施复合肥 10～20kg。

3.5.2　除草、打老叶和割除枯叶残株

茭白定植初期和冬季，田间容易滋生杂草，应及时清除。定植一个月后做好清除老叶工作，增加植株间的通风透光，8 月上中旬进行 1～2 次打老叶、病叶。冬季茭白地上部分植株枯萎，割除枯叶残株有利于春季茭白正常萌芽，并可减轻病虫基数。应贴地表将残株割除，并进一步剔除孕茭不全、灰茭、病茭的茭墩。

3.5.3　疏苗

越冬茬茭白田早春萌发新苗后，苗高 15～25cm 时，应及时疏苗。一般在 2 月下旬至 3 月上旬疏苗，分二次进行，去除弱苗、小苗、过密丛苗，最后每墩留 20～25 株的健壮苗，以提高孕茭率、孕大茭。每亩大田苗数控制在 18 000～23 000 株。

3.6　病虫害防治

3.6.1　茭白主要病虫害有锈病、纹枯病、胡麻斑病、螟虫、蓟马、蚜虫、飞虱等。应加强茭白病虫测报，实行预防为主、综

合防治的方针。

3.6.2　物理防治

利用杀虫灯捕杀成虫。

3.6.3　化学防治

优先施用生物农药。

使用农药时应符合 NY/T 393 的要求。可参考下表选用和使用农药。茭白采收前半个月停止用药，以确保茭白食用安全。

表　农药使用表

农药类别	防治药剂	使用量	安全间隔期
杀菌剂	15%井冈霉素粉剂	23~33g	14d
	井冈·蜡芽菌悬浮剂	80~100mL	14d
杀虫剂	3%甲维盐微乳剂	8~12mL	7d
	5%甲维盐水分散粒剂	3~4g	7d
	40%啶虫脒水分散粒剂	3.6~5.4g	7d
	150g/L茚虫威乳油	10~18mL	7d

3.7　采收与整理

3.7.1　采收

当茭白心叶缩短、肉质茎显著膨大，抱茎叶鞘即将开裂时采收。气温高时应适当提早采收，防止茭白变青老化。

3.7.2　整理

茭白采收后均要切除叶片和薹管，以光茭、半光茭上市。切割整齐，清洗水源符合 NY/T 391 要求。

3.8　包装

3.8.1　包装要求清洁、卫生，不会对产品造成二次污染。

3.8.2　不同批次、不同等级产品不能同一包装。

3.9 运输

3.9.1 运输工具清洁、卫生、无污染；装运时做到轻装轻卸，避免机械损伤；在运输途中严防日晒、雨淋，严禁与有毒有害物质混装。

3.9.2 长途外运，包装产品需在（3±1）℃的冷库中预冷2h后，冷藏外运。

3.10 贮存

3.10.1 按产品批次、等级分别贮存。

3.10.2 贮存温度为（3±1）℃，相对湿度为85%~95%。

十、有机茭白栽培技术

1. 产地环境条件

有机食品茭白产地应选择远离城镇、交通主干线、工矿区、工业污染源、生活垃圾场等。其中，土壤环境质量应符合 GB 15618—1996《土壤环境质量标准》规定的二级标准，农田灌溉水水质应符合 GB 5084《农田灌溉水质量标准》的规定，环境空气质量应符合 GB 3095—1996《环境空气质量标准》规定的二级标准以及 GB 9137《保护农作物的大气污染物最高允许浓度》的规定。产区四周宜有天然屏障或建有隔离缓冲带，以道路、沟渠为主，宽度8m以上。重点做好排灌系统的隔离，确保常规区水不浸漫到有机茭白种植地块。转换期应达24个月以上。

2. 品种选择

有机食品茭白栽培过程中，应选择抗性和适应性强的品种，并注意保持品种多样性，不能使用转基因品种。常见单季茭（一熟茭）品种如象牙茭、蒋墅茭及鄂茭一号等；双季茭（两熟茭）品种如小蜡台、两头早、广益茭、刘潭茭、群力茭、浙茭2号及鄂茭二号等。

3. 大田准备

有机食品茭白栽培过程中，宜轮作，轮作作物宜为豆科作物、绿肥作物或深根作物。轮作方式宜为水旱轮作，亦可与其他水生作物轮作，或茭白—鱼轮作。冬前耕深 20~30cm，充分冻垡。绿肥作物宜在整地 20 天以前直接翻压还田。定植前 10~15 天，耕翻耙平，要求耕深 30cm 以上，并灌水 2~3cm。基肥每亩宜施腐熟厩肥 2 000~2 500kg，或腐熟大豆饼肥 130kg，或腐熟花生饼肥 150kg，或腐熟棉籽饼肥 250kg，均匀施入。

4. 种苗准备

应使用有机食品茭白种苗。但在有机食品茭白种植的初始阶段，经认证机构许可，可以使用未经禁用物质或方法处理的非有机来源的种苗。茭白种苗纯度应达 90% 以上。宜实行寄秧育苗，即将秋季选中的母株丛挖起，先在寄秧田中寄植一段时间，然后再分苗定植于大田。宜于秋冬季植株叶片枯黄时，将地上部留1~2 节薹管，其余割除。母株丛挖起后，地下茎段亦留 1~2 节切除。母株丛寄栽行距 50cm，丛距 15cm，并保持 1~2cm 浅水。

5. 大田定植

单季茭应春季定植，双季茭有春季定植，亦有秋季定植。

（1）春季定植。长江中下游流域于 4 月上中旬，茭苗高 20cm 左右，气温 13℃以上时定植。从寄秧田取出母株（茭墩），分成小墩，要求每小墩均带老茎，并有健壮苗 3~5 株（单季茭）或 7~8 株（双季茭）。随挖、随分、随栽。一般行距 100cm，株距 50cm。

（2）秋季定植。江浙一带栽培双季茭时，常采用秋季定植。4 月育苗，7 月下旬至 8 月上旬（不迟于 8 月 15 日）分株定植。栽前先去基部老叶，然后起苗墩、分株。每小墩带 1~2 苗，并剪去叶梢 45cm 左右。宜择晴天下午或阴雨天进行，宽窄行定植，窄行行距 40~50cm，宽行行距 100cm，株距 25~30cm。

武汉部分地区栽培小蜡台等双季茭品种时，也采用秋季定植。大田定植时期一般为 7 月上中旬，密度为株距 50cm、行距 100cm。

6. 大田管理与选种

（1）双季茭和单季茭定植当年的大田管理与选种。

①追肥。有机食品茭白栽培过程中，在按要求施足基肥的情况下，宜少追肥，一般追肥一次即可。对于春季定植的茭白宜在 8 月上旬追肥，秋季定植茭白宜在定植后 10~15 天追肥，每亩追施腐熟有机肥 150~200kg。

②水位管理。定植期水深 3~5cm，分蘖前期 5~10cm，分蘖后期逐渐加深至 10cm 左右，7—8 月高温季节 10~15cm。夏秋季多暴雨，注意排水，勿使水淹过茭白眼。秋茭采收期水位以 5cm 左右为宜。

③耘田、除草、打老叶。定植成活后开始耘田除草，8~10 天进行 1 次，共 2~3 次。分蘖后期，即从 7 月上中旬开始，从叶鞘基部清除老行疏苗，每株丛留外围苗 20 株左右，同时向株丛中央压泥块，以使分蘖分散生长，利于通风透光。对于缺苗穴位，宜从出苗多的大株丛上取苗补栽，一般要求每穴有苗 6~8 株。

（2）肥水管理。老茭田冬季宜保水 2~3cm，开春后宜保水 3~5cm。2 月下旬萌芽开始时，每亩施腐熟有机肥 100~200kg。

（3）留种。两熟茭白的早熟品种主要在夏茭采收初期选游茭作种，即夏茭早熟选种法。游茭入选标准为：母株丛孕茭早，具该品种特征特性，两侧各有一个分蘖苗，左右对称。将入选游茭移栽留种田，采收主茎上的茭白，使其分蘖苗继续生长。在秋季复选看有无灰茭和雄茭，若有则及时除去。

青浦地区也有采用夏季选种、秋季定植的。一般于 5 月下旬至6月中下旬在夏茭田选种。选种标准为夏茭结茭早、多、齐、部位低，而且品种性状典型，选种对象为夏茭采收后的新发分蘖和未结夏茭的分蘖（比结茭者迟发者）。选种后，先将中选苗叶片上部割去，基部留 25~35cm，然后按 15cm 行距、15cm 株距假植，假植期 30~50 天。

（4）留种去杂于采收期选留种用母株丛。选留标准为：茭墩内无灰茭和雄茭，品种特征特性明显，结茭较多且整齐一致，薹管相对较低。应对中选母株丛作好标记，用作寄秧育苗。对于灰茭、雄雄茭及异品种植株则应及时清除。

（5）病虫杂草防治。有机食品茭白病虫害及杂草防治措施应优先采用农业、物理和生物防治措施，禁止使用有机合成的化学农药。虫害可用频振式杀虫灯、双波灯等诱杀，也可用昆虫性信息素等诱杀。做好田园清洁，及时清除茭白植株残体和田边杂草，对防治茭白螟虫、长绿飞虱、菰毛眼水蝇、茭白胡麻斑病、茭白锈病及茭白纹枯病等茭白病虫害效果明显。茭白纹枯病可以通过改善株间通透性、3 年以上水旱轮作等措施减少发生。茭白田间杂草宜配合田间管理，采用人工拔除，踩入泥中。

7. 采收与贮藏

茭白叶鞘基部开裂、露出白色茭肉时，为适宜采收期。秋茭采收期一般为 9 月中下旬至 10 月中下旬，宜 2~3 天采收 1 次。要求及时采收，否则茭白易老化，且消耗过多养分。夏茭采收期一般为 5 月中旬至 7 月中旬。秋茭每亩产 750~1 250kg，夏茭每亩产 1 000~1 500kg。疏黄叶、杂草、老黄叶均宜踩入泥中。

（1）双季茭定植翌年的大田管理与选种。

①匀苗补缺。春季萌芽初期苗高 15~20cm 时，对过密株丛应进行疏苗，每株丛留外围苗 20 株左右，同时向株丛中央压泥块，以使分蘖分散生长，利于通风透光。对于缺苗穴位，宜从出

苗多的大株丛上取苗补栽，一般要求每穴有苗6~8株。

②肥水管理。老茭田冬季宜保水2~3cm，开春后宜保水3~5cm。2月下旬萌芽开始时，每亩施腐熟有机肥2 000kg。

③留种。两熟茭白的早熟品种主要在夏茭采收初期选游茭作种，即夏茭早熟选种法。游茭入选标准为：母株丛孕茭早，具该品种特征特性，两侧各有一个分蘖苗，左右对称。将入选游茭移栽留种田，采收主茎上的茭白，使其分蘖苗继续生长。在秋季复选看有无灰茭和雄茭，若有则及时除去。

青浦地区也有采用夏季选种、秋季定植的。一般于5月下旬至6月中下旬在夏茭田选种。选种标准为夏茭结茭早、多、齐、部位低，而且品种性状典型，选种对象为夏茭采收后的新发分蘖和未结夏茭的分蘖（比结茭者迟发者）。选种后，先将中选苗叶片上部割去，基部留25~35cm，然后按15cm行距、15cm株距假植，假植期30~50天。

（2）病虫杂草防治。有机食品茭白病虫害及杂草防治措施应优先采用农业、物理和生物防治措施，禁止使用有机合成的化学农药。虫害可用频振式杀虫灯、双波灯等诱杀，也可用昆虫性信息素等诱杀。做好田园清洁，及时清除茭白植株残体和田边杂草。此外，改善株间通透性、3年以上水旱轮作等措施对病害也可起到防治作用。茭白田间杂草宜配合田间管理，采用人工拔除，踩入泥中。

（3）采收与贮藏。茭白叶鞘基部开裂、露出白色茭肉时，为适宜采收期。秋茭采收期一般为9月中下旬至10月中下旬，宜2~3天采收1次。要求及时采收，否则茭白易老化，且消耗过多养分。夏茭采收期一般为5月中旬至7月中旬。秋茭每亩产750~1 250 kg，夏茭每亩产1 000~1 500 kg。

第二节　主要接茬模式

一、保护地茭白接茬水稻配套栽培技术

（一）茭白保护地栽培技术

1. 选择早熟优质高产的优良品种

茭白保护地栽培应选择双季茭类型、孕茭起点温度相对较低、品质优良、产量高的品种，杭州茭具有孕茭起点温度较低、种性纯、分蘖适中、孕茭集中、茭白白嫩粗壮、早熟丰产的特点，适合保护地栽培。

2. 加强冬春季管理

保护地茭白是经上年越冬而来的，冬春季管理十分重要。为争取早熟高产冬春季管理上提出了：适时搭棚盖膜；提高棚内气温促早萌芽、早发棵；早施腊肥、早追春肥促发苗；萌芽前后薄水，增地温等几项措施。

（1）清洁田园。秋茭在 11 月采收完毕后，放干田间积水，搁田。割尽茭墩的枯枝老叶，并将枯枝老叶带出田间，集中处理。

（2）搭棚盖膜。一般在 12 月中旬搭建大棚（或竹棚），12 月 20 日左右覆盖棚膜。

（3）冬春季水分、温度的管理。保护地茭白冬季以水防冻。在无冰冻情况下，冬季和早春尽量保持 1～2cm 的浅水层，以提高棚内温度，促进植株尽快生长。3 月底进入孕茭期后，水位逐步加深至 20cm。

冬季大棚覆盖农膜后，要密闭棚膜，做好保暖措施，促进增温。一般在 1 月中下旬棚内温度达到 5℃以上时植株开始萌芽，控温在 10～20℃最为适宜。进入 3 月外界气温逐渐升高，当棚内温度达到 28℃以上时要通风换气，棚内温度控制在 25℃左右，

防止疯长。终霜后揭膜、拆棚。时间一般是在 4 月中旬。

（4）冬季施基肥，早春要追肥、除草。基肥于 12 月下旬至 1 月上旬施，每亩撒施腐熟农家肥 3 000 kg，或商品有机肥 300kg 左右，再加施 45%蔬菜专用复合肥 30kg 左右。

2 月上中旬追早春肥，施肥量视苗势而定。一般每亩撒施 45%三元复合肥 15~20kg。春肥不能施得太迟，否则影响早熟。

立春前后及时清除田间杂草。

（5）科学疏苗。老茭田在春季萌发的新苗，每墩苗数可达 20~40 根。留过多新苗会影响茭白的产量和质量，因此必须"疏苗"。

具体做法：当苗高 20cm 左右时，及时疏苗。一般在 2 月下旬至 3 月上旬，分二次进行。用人工拔苗或烂泥块压茭墩中间苗的方法，去除弱苗、小苗、过密丛苗，每墩留 20 株左右健壮苗。以提高孕茭率，孕大茭。经过疏苗，每亩大田苗数控制在 2.5 万株左右。

3. 加强病虫防治

茭白主要害虫有二化螟、长绿飞虱等；主要病害有茭白锈病、胡麻斑病、纹枯病等。采用物理、农业及化学方法科学防治。

4. 采收

保护地茭白一般 4 月中下旬开始采收，5 月下旬采收完毕。当茭白心叶短缩、肉质茎显著膨大、包裹茭肉的叶鞘中部稍有开口、3 片外叶的茭白眼合在一条线上时，是采收适期，2~3 天采收 1 次，气温高时采收要及时。采收后，切除叶片和薹管，用清水清洗，包装上市或再加工。

（二）接茬水稻栽培技术

1. 品种选择

保护地接茬可选择高产、优质、抗性好的中熟晚粳类型品种，秀水 128 或青角 307，采用直播或人工移栽进行。

2. 适时早播，合理密植

5 月下旬至 6 月上旬播种。其中移栽稻 5 月 20—25 日播种，秧龄 25~30 天，宽行密植移栽，密度 1.5 万~2.0 万穴，每穴插秧 4 株左右，基本苗 6 万~8 万/亩，有效穗掌握在 20 万~22 万/亩；直播稻 6 月 5—10 日播种，亩用净种 3~4kg，基本苗 7 万~8 万/亩，有效穗掌握在 22 万~24 万/亩。播后以促齐苗为主，防止因茭白茬田块土壤湿润引起烂根、死苗或不出苗；齐苗至 2 叶 1 心以扎根为主。

3. 肥料运筹

由于茭白茬田块土壤肥力足，养分可充分满足接茬水稻整个生育期的要求，因此，接茬水稻原则上不再追施肥料。只能通过水浆管理来控制群体，在具体操作上，要求前期以水调肥、促肥，促进早发棵。中期适当控水保稳长，立秋前后看苗酌情适当施穗肥。

4. 水浆管理

采用好气性水浆管理技术，充分发挥水在水稻生长中的调节作用，增加断水时间，以水调气，以水调肥，以水调温，改善根系的生长环境。具体措施为 3 叶前湿润管理，以干为主。有效分蘖期浅水灌溉，切忌灌深水。当达到穗数苗的 70% 时开始脱水轻搁，由轻到重，搁至明显降苗，及时复水。拔节孕穗期采用间歇灌溉方法，至剑叶出齐后建立水层。抽穗前要轻搁田 1 次，增强根系活力。如遇高温影响，可采用灌深水方法，以水调温。抽穗扬花期要保持浅水层，灌浆成熟期干湿交替，9 月底前以湿为主，10 月逐渐以干为主，成熟前 7 天左右断水，做到养根护叶至成熟，确保水稻正常生长。

5. 适时用药，防治病虫草

播种前做好种子出晒和药剂浸种处理，做到催芽至破胸露白后播种。水稻主要病虫害有稻纵卷叶螟、稻飞虱和纹枯病等，参照当地植保部门的病虫情报统一组织防治，药剂可选用参考青练茭高产绿色栽培技术中的病虫防治。

二、露地茭白接茬水稻配套栽培技术

(一) 露地茭白栽培技术

1. 品种选择与育苗

根据市场需求选择青练茭、杭州茭等优质、抗性强、丰产性好的品种，品种选择上还应考虑不同品种采收时间上的差异，达到错开上市的目的。

茭白采用无性分株繁殖方式进行。选种在孕茭期进行，选择孕茭性好、单茭只型大、本品种特征明显、产量高的茭墩做好标记。在茭白采收即将结束时，剔除孕茭不全，或出现灰茭、病茭的茭墩作为茭白种墩。

苗床选择靠近定植大田，方便运苗，同时田块达到灌排方便、土地平整、土壤肥沃的标准。苗床每亩施入农家肥2 000kg，45%三元复合肥每亩30kg，作为基肥。耕田后，精细整平。

依茭白定植期的不同，育苗分别在11月下旬至12月中旬及3月下旬至4月中旬进行。青练茭在11月下旬至12月中旬将入选的茭墩挖出一半放在苗床内进行育苗。青练茭种墩之间留50cm左右空隙，排列齐平。四月茭、杭州茭在3月下旬至4月中旬将入选的种苗单株带根进行育苗，株距为30cm×30cm。

苗期管理中，当气温低于0℃时灌深水防冻，气温回升后保持浅水层，萌芽后适当追肥。苗期做好除草、防病治虫，并适时追肥。

2. 整地与定植

前茬出地后及时翻耕，耕深20cm。移栽前每亩施入农家肥2 000~3 000 kg，45%三元复合肥50kg作基肥，灌水后进行翻耕，整平田块。

青练茭在3月下旬至4月中旬定植。将种墩分割成带3~5个分蘖的小墩栽入大田，株行距45cm×90cm。杭州茭在6月下旬至 7 月底定植。将种苗分成单株，割除叶片仅留叶鞘进行定植，株行距 90cm×100cm。

3. 田间管理

（1）肥水运筹。青练茭前期肥水管理的目标是保活棵、促分蘖，保持 3~4cm 的浅水层，在栽后 10~15 天追肥 1 次。7 月中旬后，加深水层至 8~10cm。8 月中旬进入孕茭期适当追肥，并保持较深水层。秋茭采收结束后降低水层，冬季做到以水保温，茭白进入越冬期后，施冬肥，每亩施腐熟农家肥 3 000kg、45% 三元复合肥 50kg，3 月底适当追肥，每亩 45% 三元复合肥 15~20kg；杭州茭栽后保持 10~15cm 水层，确保活棵，以后逐步降低水层至 3~4cm，8 月中旬追肥 1 次。冬季断水时间 15 天左右，2 月上旬复水后进行追肥，3 月中下旬视不同长势再追肥 1 次。如 4 月的长势长相处于：茭白植株外叶嫩绿色、心叶淡黄色、生长旺盛的态势，到 5 月下旬采收夏茭时，不必再追肥。

（2）科学疏苗。同茭白保护地栽培。

（3）除草、清田园。及时清除茭白定植初期和冬季田间容易滋生的杂草。定植一个月以后做好清除老叶，增加植株间通风透光，8 月上中旬进行 1~2 次打老叶、病叶。冬季茭白地上部分植株枯萎，贴地表将残株割除，有利于春季茭白正常萌芽，并可减轻病虫基数。青练茭在 12 月上旬进行，杭州茭在 1 月下旬至 2 月初进行。

4. 采收与整理

露地茭白一般在 5 月中旬到 6 月底采收。当茭白心叶缩短、肉质茎显著膨大，抱茎叶鞘中部有 1cm 左右开口，包裹茭肉的 3 片叶鞘的叶枕合在一条线上时即为采收适期，采收间隔期为 2~3 天，气温高时及时采收，防止茭白发青老化。

茭白采收后均切除叶片和薹管成为半光茭上市。小包装也可采用光茭上市，切割做到整齐。

（二）接茬水稻栽培技术

1. 品种选择

选择品种为中熟香型晚粳品种——青角 307，采用育苗移栽方式。

2. 适时播种，移栽

移栽期控制在 7 月 10 日之前，播种期根据移栽期向前推 30 天左右，移栽最适密度为 16cm×20cm，基本苗 9 万~10 万株/亩。

3. 田间管理及病虫防治

移栽后浅水活棵，促进植株生长，早出分蘖，在栽后一个月内到达穗数苗，后期管理以湿润灌溉、干湿交替为主，促进根系生长，防止倒伏。其他技术措施参照"保护地茭白接茬水稻配套栽培技术中接茬水稻栽培技术"执行。

第三节　茭白田养鱼和养鸭生产技术模式

茭白主要分单季茭和双季茭，单季茭一年只采收 1 次，采收期多集中在 9—10 月，而双季茭一年可收两季，采收期在夏季（5 月底至 7 月初）和秋末（9 月中旬至 10 月中旬），单位面积产量较高。

从不同茭区的生产情况分析，通常茭白种植与茭田养殖相结合比单纯种植茭白的产值要明显高。20 世纪 70 年代开始，就有农户在茭田和稻田间放养家鸭或者田鲤鱼。家鸭或者鲤鱼在茭白植株和水稻植株间自由觅食，取食杂草和害虫，排泄的粪尿成为茭白和水稻的肥料，从而减少化肥使用量。而鸭子和鲤鱼的不断活动搅浑田水，能增加土表氧气，促进新根生长和分蘖，形成茭鸭、稻鸭、茭鱼和稻鱼相互依存和促进的农业生态系统。

一、茭田养鱼方法

选择有利于防洪，水利排灌、光照条件好而畦面上为 189 株/m²，除草效果为 86.2%；由于养鱼采用垄畦法栽培，通风透光，茭白纹枯病大大减轻。茭白田养鱼可提高水肥资源的利用率。茭白田养鱼为立体生态农业，充分利用了田中的水资源，挖好的鱼沟和鱼坑成为田中的小水库，解决秋旱缺水矛盾。田中生长有大量的绿萍，又是草鱼的主要食料来源。鱼类又能肥沃土地，据资料表明，每亩田鱼可排湿粪 126kg，相当于 5kg 的尿素。成本核算结果表明，茭白田养鱼明显增加了农民的收入。从 3 月下旬开始放养，到 10 月草鱼尾重可达 1.5~2.0kg，田鲤鱼尾重 0.3~0.4kg，成为商品鱼，可陆续上市。茭白田养鸭模式茭白田养鸭明显降低肥料和农药使用量。试验田调查表明，在同等肥料的情况下，放鸭的茭白田明显比常规田嫩绿，产茭推迟。由于鸭子喜食茭白田中的二化螟、大螟及其长绿飞虱的若虫，减轻其对茭白的为害，在茭鸭共育的三个月时间里，试验田比常规防虫减少一次，每亩减少农药成本 6 元，劳务费 10 元，共 16 元。鸭子放养后茭白田中杂草明显减少，经过调查，杂草抑制率达到 98%，减少除草剂成本 2 元。从而减轻了化肥、农药对环境和农产品的污染。经过放鸭的茭白田茭白产量比常规增加 25%，茭白质量改善，试验田中的茭白肉质洁白不发绿、细嫩；而常规的茭白容易开裂和发绿。

二、茭白田养鱼和养鸭的技术要点

1. 茭田养鱼方法

单季茭白的生育期与茭白田鱼苗的放养时间同步。单季茭白从 3 月中旬开始定植，茭白采收后，于 10 月、11 月进行选留种。养鱼也从 3 月下旬开始放养，到 10 月草鱼条重可达 1.5~

2.0kg，田鲤鱼条重 0.3～0.4kg，成为商品鱼，可陆续上市。茭田水的管理是浅水移栽、深水活棵、浅水促蘖、适时露田、活水孕茭、湿润越冬。只要做好鱼沟，终年有水，就能解决茭田鱼的一生需水。开春后，按畦宽 1.6m，沟宽 0.4m，沟深 0.2～0.3m 的常规标准，做好宽窄行垄畦，沟沟相通，栽单季茭白 1 000～1 300丛/亩。每亩挖两个长 2 m、宽和深各 1 m 的鱼坑，鱼沟通到鱼坑呈"十"字形或"井"字形。同时，做好防洪沟和避水沟，加高加固田堤。3 月下旬，每亩投放瓯江彩鲤鱼苗 350 尾，草鱼 50 尾，以细绿萍和卡洲萍作辅助饲料，以麦麸、米皮糠、豆饼、豆腐渣、菜饼等为精饲料，定点、定量和定时投喂（以 20min 吃完为准），到年底田鱼分批捕捞上市。在饲养过程中加强管理。

（1）鱼苗在投放前用 3%～5% 浓度盐水浸 5min，或者每亩用 1kg 石灰配制石灰水均匀泼洒大田预防疾病，每隔 15～20 天泼 1 次，田水深 5cm。

（2）进水口的宽度为 30～40cm，出水口宽 50～60cm，设出水口 3 个，以防暴雨漫埂逃鱼，进出水口都需在内侧加鱼栅，孔径以能防逃鱼和流水畅通为准。

（3）经常检查田埂有无漏洞、鱼栅有无损坏、鱼摄食和天敌为害情况、田水质是否缺氧等，发现问题及时更正。在整个养殖过程中不施用国家禁用、限用农药。在施药时畦面保持 3cm 左右水。在出苗前每亩施 2 000 kg 有机肥的基础上，再施专用肥料或复合肥 50kg 左右，施用时间在 3 月中下旬，以后看苗的生长情况适施速效肥，在施肥时应保持鱼沟有水，过 2 天后再灌水。

2. 茭田养鸭方法

养鸭的茭白种植规格因茭白品种不同而有差异，河姆渡双季茭白为 60cm×90cm，浙大茭白为 50cm×75cm，合适的间距适合于番鸭的觅食活动。田面要保持一定的水层，由于鸭肥的作用，养鸭茭田中的茭白在整个生育期中，比常规茭田少施一次化肥、不施除草剂，减少病虫防治的次数和农药使用。番鸭放入茭白田的时期一般在茭白移栽一个月之后，鸭龄一般为 15~20 天，每亩放入 15~20 羽雏鸭。每个围网的单位以 0.6~1.0 hm^2 大小为好，鸭的数量控制在 150~300 只。对茭白田番鸭造成伤害的天敌主要是一些小型动物，要加强检查以提高成活率和收益率。此外茭白田中的杂草和害虫不能完全满足番鸭的需求，因此在茭白田中需要放养一些绿萍，这样既可作番鸭的辅助饲料又能增加茭白的有机肥料。必要时准备一些辅助饲料。当 60% 茭白孕茭时，要及时将成年鸭子赶出田外，进入饲养棚，白天在空地上圈养，晚上赶入舍内。此时要喂养一些新鲜青饲料，包括水葫芦等杂草。

第四章 茭白病虫害预测预报

第一节 茭白锈病调查测报规范

茭白锈病为茭白常见常发病害。主要为害茭白叶片，在叶鞘上也时有发生。茭白锈病病菌喜温暖气候，气温 14~24℃ 适于孢子发芽和侵染，3—4 月气温回升后开始发病，春雨多的年份病害易流行，上海及长江中下游地区的发病期为 4—9 月，6—8 月为发病高峰期。

此病需要做病情系统调查和病情大田普查。

一、田间病情系统调查

1. 调查时间

4—8 月。

2. 调查对象田的选择和取样田块

选春、夏、秋茭茬口的主栽品种，种植密度高的类型田 2~3 块。

3. 调查方法

采用对角线五点取样法，每 5 天调查 1 次，每点定穴 20 穴，共取样 100 穴，调查穴发病率与病情指数，将每次的调查结果汇总填入表 4-1。

表 4-1 茭白锈病大田系统调查记载表

调查单位： 年度：

调查日期	类型田	品种	生育期	调查穴数	发病穴数	穴发病率（%）	病情指数分级指标（见参考）					病情指数
							0级	1级	2级	3级	4级	

二、大田病情巡回普查

1. 调查时间

4—8 月。

2. 调查对象田的选择和取样田块

选春、夏、秋茭主栽茬口的类型田各 2~3 块，调查总田块数不少于 15 块。

3. 调查方法

采用对角线五点取样法，每 10 天调查 1 次，每点定穴 20穴，共取样 100 穴，调查穴发病率，将大田病情巡回普查面积、发生程度分级的结果汇总填入表 4-2。

表 4-2 茭白锈病大田病情普查结果汇总记载表

调查单位： 年度：

调查日期	调查地点	调查面积	品种	类型田	生育期	调查穴数	发病穴数	穴发病率（%）	病情普发面积（亩）					病情普发指数
									0级	1级	2级	3级	4级	

三、预测预报方法

1. 病情趋势预报

根据测报点茭白锈病田间系统调查，在茭白主栽茬口、主栽品种锈病株发病率 5%~10% 的发生始盛期前，结合中长期天气预报的气温和雨量对下阶段病情发生的影响等综合因素分析发生动态，向主要生产区发出预警趋势预报。

2. 防治适期及防治对象田预报

防治适期=查见茭白锈病中心病株后 10~15 天或田间穴发病率 10%~15%。

防治对象田=进入生长盛期至采收中期前的各类型田。

3. 测报参考资料

参考 1 茭白锈病大田病情指数分级标准。

0 级：全穴无病。

1 级：全穴 1/4 以下叶片出现病斑。

2 级：全穴 1/4 以上至 1/2 以下叶片出现病斑。

3 级：全穴 1/2 以上至 3/4 以下叶片出现病斑。

4 级：全穴 3/4 以上叶片发病至全穴叶片发病枯黄。

参考 2 茭白锈病大田巡回普查发生程度分级标准。

0 级：无病。

1 级：穴发病率≤25%。

2 级：穴发病率 25.1%~50%。

3 级：穴发病率 50.1%~75%。

4 级：穴发病率>75.1%。

参考 3 适宜茭白锈病发生的条件。

最适发病环境条件：温度 14~24℃。

连续多阴雨天气。

发病潜育期 5~7 天。

最适感病生育期：成株期至采收期。

第二节 茭白胡麻斑病调查测报规范

茭白胡麻斑病为茭白常见常发病害。主要为害茭白叶片，表现为褐色小点，或芝麻粒状病斑。上海地区主要发病盛期为6—9月。高温多湿、缺乏钾肥和锌肥、作物生长不良的田块发病较重。此病需要做病情系统调查和病情大田普查。

一、病情系统调查

1. 调查时间

一般在6—9月。也可按照测报点上常规的茬口安排，对调查时间作适当调整，但年际间要相对固定，且与推荐调查的时间不宜差异太大。

2. 调查对象

病虫测报点上，保护地茭白主栽品种，2~3个田块，选择田块有一定分散性。

3. 调查方法

采取清晨全田块普查，尽早发现中心病穴。之后采用对角线五点取样法，每点定20穴（做好标记），共取样调查100穴。每5天调查1次，将结果填入表4-3。

表4-3 茭白胡麻斑病病情系统调查表

调查单位： 填报日：

调查日期	类型田	品种	生育期	调查穴数	发病穴数	穴发病率（%）	病情指数分级指标（见参考）					病情指数
							0级	1级	2级	3级	4级	

二、病情大田普查

1. 普查时间

6—9 月。

2. 普查对象

选择茭白集中种植区域的主栽品种调查，区域分布上尽量合理。

3. 普查方法

采用对角线五点取样法，每点定株 20 穴，共取样 100 穴，每 10 天调查一次，将结果填入表 4-4。

表 4-4　茭白胡麻斑病病情大田普查表

调查单位：　　　　　　　　　　　填报日：

调查日期	调查地点	调查面积	品种	类型田	生育期	调查穴数	发病穴数	穴发病率（%）	病情普发面积（亩）					病情普发指数
									0级	1级	2级	3级	4级	

三、病情预报

1. 病情预警时间标准

测报点系统调查穴发病率 5%~10%。

2. 防治适期标准

查见中心病穴后 10~15 天或田间穴发病率 10%~15%。

3. 防治田块

进入生长盛期至采收中后期前的各类型田。

四、参考

病情指数分级指标。

0 级：全穴无病。

1 级：1/4 以下叶片有病斑。

2级：全穴 1/4 至 1/2 的叶片有病斑。

3级：全穴 1/2 至 3/4 的叶片有病斑。

4级：全穴 3/4 以上叶片发病。

第三节　茭白纹枯病调查测报规范

茭白纹枯病为茭白常见病，为害有逐年加重的趋势。主要为害叶片和叶鞘。上海地区茭白纹枯病的发生期一般 6—9 月，在过度密植，氮肥施用偏多，灌水过深、排水不良，通气透光差，田间湿度大，都有利于发病。高温、高湿的环境下发病最盛，田间小气候在 25~32℃ 时，又遇连续阴雨，病势发展特别快。

一、田间病情系统调查

1. 调查时间

5—9 月。

2. 调查对象田的选择和取样田块

选春、夏、秋茭茬口的主栽品种，种植密度高的类型田 2~3 块。

3. 调查方法

采用对角线五点取样法，每 5 天调查 1 次，每点定穴 20 穴，共取样 100 穴，调查穴发病率与病情指数，将每次的调查结果汇总填入表 4-5。

表 4-5　茭白纹枯病大田系统调查记载表

调查单位：　　　　　　　　　　　　　　　填报日：

调查日期	类型田	品种	生育期	调查穴数	发病穴数	穴发病率（%）	病情指数分级指标（见参考）					病情指数
							0级	1级	2级	3级	4级	

二、大田病情巡回普查

1. 调查时间

5—9 月。

2. 调查对象田的选择和取样田块

选春、夏、秋茭主栽茬口的类型田各 2 ~ 3 块，调查总田块数不少于 15 块。

3. 调查方法

采用对角线五点取样法，每 10 天调查 1 次，每点定穴 20 穴，共取样 100 穴，调查穴发病率，将大田病情巡回普查面积、发生程度分级的结果汇总填入表 4-6。

表 4-6 茭白纹枯病大田病情普查结果汇总记载表

调查单位：   年度：

调查日期	调查地点	调查面积	品种	类型田	生育期	调查穴数	发病穴数	穴发病率（%）	病情普发面积（亩）					病情普发指数
									0级	1级	2级	3级	4级	

三、预测预报方法

1. 病情趋势预报

根据测报点茭白纹枯病田间系统调查，在茭白主栽茬口、主栽品种纹枯病株发病率 5% ~ 10% 的发生始盛期前，结合中长期天气预报的气温和雨量对下阶段病情发生的影响等综合因素分析发生动态，向主要生产区发出预警趋势预报。

2. 防治适期及防治对象田预报

防治适期 = 查见茭白纹枯病中心病株后 10 ~ 15 天或田间穴发病率 10% ~ 15%。

防治对象田=进入生长盛期至采收中期前的各类型田。

3. 测报参考资料

参考 1　茭白纹枯病大田病情指数分级标准。

0 级：全穴无病。

1 级：全穴 1/4 以下叶片出现病斑。

2 级：全穴 1/4 以上至 1/2 以下叶片出现病斑。

3 级：全穴 1/2 以上至 3/4 以下叶片出现病斑。

4 级：全穴 3/4 以上叶片发病至全穴叶片发病枯黄。

参考 2　茭白纹枯病大田巡回普查发生程度分级标准。

0 级：无病。

1 级：穴发病率≤25%。

2 级：穴发病率 25.1%~50%。

3 级：穴发病率 50.1%~75%。

4 级：穴发病率>75.1%。

参考 3　适宜茭白纹枯病发生的条件。

最适发病环境条件：温度 25~32℃，相对湿度 85%以上。

连续高温多雨天气。

发病潜育期 5~7 天。

最适感病生育期：分蘖期至采收期。

第四节　茭白长绿飞虱调查测报规范

茭白长绿飞虱是茭白的主要害虫之一，若虫和成虫都会造成为害，主要为害茭白叶片。上海年发生 4~5 代，6—8 月为盛发期。温度高、雨量少的年份发生重。

需完成茭白长绿飞虱越冬虫情发生期的调查、成虫消长调查、田间虫情系统调查和虫情大田普查四项调查内容，具体做法如下。

一、越冬虫情发生期的调查

1. 调查时间

早春茭白露青后 5 天开始，到越冬代成虫出现为止。

2. 调查地块的选择

选路边野生茭、春茭、夏茭、秋茭 4 种不同的类型田各 2 块。

3. 调查方法

采样五点取样法，每 5 天调查 1 次，用白瓷盆随机拍查，每类型田拍查 20 穴，调查越冬代若虫的始见期、高峰期、虫量，将调查结果填入表 4-7。

表 4-7　茭白长绿飞虱越冬代发生期调查表

填报单位：　　　　　　　　填报日期：

调查日期	类型田	露青期	若虫始见期	类型田（20穴虫量）			当天若虫总数	累计若虫总数	备注
				野生茭	春茭	夏茭			

二、成虫消长系统调查

1. 调查时间

早春茭白露青 15 天后开始点灯，至年末灯下终见后 10 天结束。

2. 调查地块的选择

在茭白生产区域，选春茭、夏茭、秋茭三种不同的类型田、生长较茂盛的茭白田附近安装诱虫灯各 1 盏。

3. 调查方法

每天 18 时至第二天 5 时点灯，每天早上收集隔夜诱捕的虫量，将观察结果填入表4-8。

表4-8　灯诱成虫消长调查表

填报单位：　　　　　　　　　填报日期：

调查日期	春茭灯下		夏茭灯下		秋茭灯下		当日虫量		累计单灯平均
	虫量	累计	虫量	累计	虫量	累计	合计	平均	

三、田间虫情系统调查

1. 调查时间

5月初至10月底（灯诱越冬代成虫始见后15天开始）。

2. 调查地块的选择

选春茭、夏茭、秋茭三种不同的类型田、生长较茂盛的茭白类型田各2块。

3. 调查方法

采样对角线五点取样法，每5天调查1次，用白瓷盆在长绿飞虱较集中部位拍查，每点随机拍查4穴，共20穴，查成虫、各龄若虫的数量，将调查结果填入表4-9。

表4-9　茭白长绿飞虱发生和发育进度调查表

填报单位：　　　　　　　　　填报日期：

调查日期	类型田	茭白生育期	调查穴数	发育进度						合计虫量	平均每穴虫口密度
				一龄数	二龄数	三龄数	四龄数	五龄数	成虫数		

四、虫情大田普查

1. 调查时间

在当地第二代发生期以后的各代开始，到秋茭采收结束。

2. 调查地块的选择

在茭白生产区，选春茭、夏茭、秋茭三种不同的类型田各5块，调查的各类型田总数不少于15块。

3. 调查方法

采样对角线五点取样法，每10天调查1次，用白瓷盆在长绿飞虱较集中部位拍查，每点随机拍查4穴，每田共20穴，调查有虫穴数，将普查结果填入表4-10。

表4-10　茭白长绿飞虱大田虫情普查表

填报单位：　　　　　　　　　　填报日期：

调查日期	调查面积	类型田	生育期	调查茭白穴数	有虫穴数	有虫穴率（%）	虫情普发面积（亩）					虫情普发指数
							0级	1级	2级	3级	4级	

五、虫情预报

1. 大田虫情发生趋势预报

根据测报点长绿飞虱灯诱成虫系统调查，在6月上旬前的初始发生期，汇总当前虫口的发生基数，结合中长期天气预报等综合因素，分析发生动态并作出发生趋势预报。

2. 防治适期与防治田块

防治适期：成虫盛发期+产卵前期+卵历期+一龄若虫期+1/2二龄若虫期（以后各代根据灯诱成虫和田间拍查结果，推测二

龄若虫发生始盛期为防治适期)

防治田块：茭白有虫穴率10%或平均穴虫量30头以上。

六、参考资料（表4-11至表4-13）

长绿飞虱大田巡回普查发生程度分级标准。

0级：无虫。

1级：有虫穴率≤25%。

2级：有虫穴率25.1%~50%。

3级：有虫穴率50.1%~75%。

4级：有虫穴率>75.0%。

表4-11　长绿飞虱虫态历期

成虫产卵前期		卵历期		若虫历期	
平均温度（℃）	历期（天）	平均温度（℃）	历期（天）	平均温度（℃）	历期（天）
25.79	11.54	22.12	11.54	24.48	17.4
28.98	9.44	29.18	9.44	26.55	15.33
29.48	9.73	30.56	9.73	27.89	15
				29.2	15.17

表4-12　长绿飞虱自然变温下各龄若虫历期

世代	一龄		二龄		三龄		四龄		五龄		若虫历期（天）
	温度（℃）	天数（天）	温度（℃）	天数（天）	温度（℃）	天数（天）	温度（℃）	天数（天）	温度（℃）	天数（天）	
一代	23.8	4.26	23.2	4.2	22.8	5.1	23.4	3.6	22.6	4.7	21.86
二代	25.2	3.3	25.5	3	27.2	3.4	28.75	3.25	25.9	2.5	15.45
三代	29.37	3.1	26	3	28.5	3.2	28.5	2.5	25.7	4.5	16.35

表 4-13 上海地区各代长绿飞虱的发生期

世代	卵	若虫	成虫
越冬代	越冬至 4 月上旬	4 月上旬至 5 月中旬	5 月中旬至 6 月中旬
一代	5 月中旬至 6 月下旬	6 月上旬至 6 月下旬	6 月下旬至 7 月上旬
二代	6 月下旬至 7 月中旬	7 月上旬至 8 月上旬	7 月下旬至 8 月下旬
三代	7 月下旬至 9 月下旬	8 月上旬至 10 月上旬	8 月下旬至 11 月下旬

第五节 茭白二化螟调查测报规范

茭白二化螟属鳞翅目螟蛾科。在茭白生产区和水稻产区都有发生，主要为害茭白、水稻等作物，是茭白生产上重要的害虫。年发生 2~3 代，6—8 月为盛发期。高温高湿、生长旺盛的田块有利于害虫的发生。

需完成茭白二化螟诱蛾消长系统调查、田间虫情消长调查和大田虫情普查三项调查内容，具体做法如下。

一、诱蛾消长系统调查

1. 调查时间

4 月中旬至 10 月，即在当地常年平均发生期前 20 天至年末终见 10 天后止。

2. 调查地块的选择

在茭白生产区域，选春茭、夏茭、秋茭三种不同的类型田，周边生产面积不少于 $2hm^2$（30 亩）。

3. 调查方法

（1）灯诱成虫。每天 18 时至第二天 5 时通宵开测报灯（两灯至少相距 200m，逐日早上调查集虫箱内诱捕的成虫数。每天早上收集诱捕的蛾量，区分雌、雄蛾后，将结果填入表 4-14。

表4-14　茭白二化螟成虫灯诱消长调查表

填报单位：　　　　　　　　填报日期：

调查日期	单灯当日平均蛾量			单灯平均累计蛾量			天气情况或备注
	雌	雄	合计	雌	雄	合计	

（2）性诱成虫。用二化螟专用性诱剂，设水盆式诱蛾器2~4只，相邻两个诱蛾器至少间隔100m距离，每只诱捕器用诱芯1个，每月换1次，以确保性诱效果。逐日早上调查诱捕成虫数。将调查结果填入表4-15。

表4-15　茭白二化螟性诱成虫消长调查表

填报单位：　　　　　　　　填报日期：

调查日期	类型田1		类型田2		性诱当日		性诱成虫日均累计
	性诱1	性诱2	性诱3	性诱4	合计	平均	

二、田间虫情消长

1. 调查时间

5月中旬至10月上旬，即于春季温度回升到15℃以上开始，到晚秋茭白采收结束。

2. 调查地块的选择

在各代蛾峰后，选春茭、夏茭、秋茭三种不同的类型田各2块。

3. 调查方法

采样对角线五点取样法，每5天调查1次，每点4穴，共20穴，调查卵块量、虫蛀茭数、幼虫数，将调查结果填入表4-16。

表4-16　茭白二化螟发生和发育进度调查表

填报单位：　　　　　　　　　　填报日期：

调查日期	类型田	茭白生育期	调查穴数	卵块数	虫蛀茭数	蛀茭率(%)	总幼虫数	各龄发育进度							蛹	备注
								一龄	二龄	三龄	四龄	五龄	六龄	七龄		

三、虫情大田普查

1. 调查时间

6—10月，即春茭白肚到晚秋茭采收结束止。

2. 调查地块的选择

选春茭、夏茭、秋茭三种不同的类型田各5块，根据诱蛾观察，在各代蛾峰后15天。

3. 调查方法

采样对角线五点取样法，每点25穴，每穴2株，每田查50支茭白的虫蛀茭数，将调查结果填入表4-17。

表4-17　茭白二化螟大田虫情普查表

填报单位：　　　　　　　　　　填报日期：

调查日期	调查面积	类型田	生育期	调查茭白支数	虫蛀数	虫株率%	虫情普发面积（亩）					虫情普发指数
							1级	2级	3级	4级	5级	

四、虫情预报

1. 大田虫情发生趋势预报

根据测报点茭白二化螟灯诱成虫系统调查，在5月中下旬前的初始发生期，汇总当前虫口的发生基数，结合中长期天气预报等综合因素，分析发生动态并作出发生趋势预报。

2. 防治适期与防治田块

防治适期 = 蛾峰日 + 卵孵历期。

防治田块 = 百穴卵块量 2~3 个。

五、参考资料

大田虫情巡回普查发生程度分级标准（表4-18）。

0 级：无虫蛀茭。

1 级：虫蛀茭率 ≤3%。

2 级：虫蛀茭率 3.1%~10%。

3 级：虫蛀茭率 10.1%~20%。

4 级：虫蛀茭率 >20%。

表4-18　二化螟各代在上海发生期

代数	发生期	发生高峰期
第一代	4月下旬至7月中旬	5月中下旬；6月中下旬
第二代	6月下旬至8月中旬	7月中旬；7月底至8月初
第三代	8月下旬至9月下旬	9月上旬

第五章　茭白主要病虫草害的识别与防治

第一节　茭白病害

一、茭白锈病

1. 病原

茭白锈病病原为担子菌亚门锈菌目的茭白单胞柄锈菌。

2. 发病规律

病菌以菌丝体及冬孢子在老株残体上越冬，并成为翌年病害初次侵染来源引致发病，病部产生夏孢子再不断进行重复侵染。一般雨水多、空气湿度大的年份发生较重。另外连作时间长、田间管理不善，偏施氮肥，不及时打老黄叶，田间通风差，湿度高易发病，偏施氮肥田发病较重。

3. 发病症状

主要为害叶片和叶鞘，发病初期在叶片和叶鞘上散生橘红色隆起小疱斑，即夏孢子堆，疱斑破裂后散出锈黄色粉末状物，即病菌夏孢子。后期在叶片和叶鞘上出现黑色疱斑，即病菌冬孢子堆，疱斑通常不易破裂，破裂后可散出黑色粉末状物，即病菌冬孢子。严重时病斑密布，水分蒸腾量剧增，导致叶鞘、叶片枯死。

4. 防治方法

（1）农业防治。彻底清除病残体及田间杂草，避免偏施氮肥，适当增施磷钾肥，防止贪青徒长；高温季节适当深灌，降低水温和土温，控制发病。结合中耕等农事操作，及时清除下部病叶、黄叶、老叶、改善田间通风透光条件。加强水分管理，在茭白分蘖末期适时适度搁田（晒田），促进植株生长，增强抗病力。降低种植密度，一般以亩栽 2 000~2 500 墩为宜，密度高，田间郁闭程度高，病害加重。

（2）药剂防治。茭白锈病宜在病害发生前或发生初期及时用药防治，药剂可选用：250g/L 嘧菌酯悬浮剂 60~800g/亩，或37%苯醚甲环唑水分散粒剂 20~30g/亩，或 50%异菌脲可湿性粉剂 60~80g/亩喷雾防治。

二、茭白胡麻斑病

1. 病原

为半知菌亚门的菰长蠕孢菌，即水稻胡麻斑病的病原侵染引起。

2. 发病规律

病菌以菌丝体和分生孢子在老株或病残体上越冬，并成为翌年病害初次侵染源。发病后病部产生分生孢子通过气流或雨水溅射进行再侵染，使病害扩展蔓延。高温多雨有利于发病，长时期连作，缺钾缺锌导致植株生长不良，或过度密植，株间通透性差等均易发病。

3. 传染过程及发病规律

传染过程：以菌丝体和分生孢子在茭白残叶上越冬，随气流或雨水传播。真菌性病害（半知菌亚门）。在茭白整个生长期均可发生。

环境因素：土壤偏酸，缺钾和缺锌，长期灌深水缺氧，管理粗放或生长衰弱的田块发病重。高温多湿天气，偏施氮肥徒长，田间通风透光不良，病害加重。该病主要以菌丝体和分生孢子在病残体上越冬。病菌侵害茭白不仅要求有 92% 以上的相对湿度，而且还需要有水滴。秋茭上始发期为 6 月下旬至 7 月初，7 月 10 日前后发病较快，7 月 20 日前后至 9 月上旬出现发病高峰，9 月中旬后病情减缓，11 月中旬停止发展。土壤偏酸，缺钾或缺锌，长期灌深水缺氧，管理粗放的田块发病重。高温高湿的条件下，连作田种植密度大，偏施氮肥，田间通风透光不良，容易诱发此病。病菌以菌丝体和分生孢子在老株或病残体上越冬，条件适宜时产生分生孢子进行初侵染，发病后病部产生分生孢子通过气流或雨水溅射进行再侵染，使病害扩展蔓延。高温高湿适宜发病，病菌生长温度为 5~35℃，最适温度 28℃。分生孢子萌发适宜温度 28℃，要求具有高湿条件，饱和湿度或在水滴或水膜中更有利于萌发。病菌抗逆力较强，干燥条件下可存活数年。通常在茭白生长期高温多雨，或闷热潮湿，病害发生较重，此外，长时期连作，田间缺钾缺锌，植株生长不良，有利发病。

胡麻斑病的病菌会以孢子或者是菌丝体的形式潜伏在土壤、病残体及枯死植株上进行越冬。当温度逐渐回升后，孢子会开始活动入侵。入侵后有一些孢子会随着雨水而进行移动从而为害其他植株，导致病情蔓延。温湿度过高的时候是发病主要原因，在湿度大的水滴中更有利于恢复细菌长势。病菌的抗逆性强，可存活多年。一般在高温高湿的环境下发病严重，且重茬、缺肥等也是导致发病主要原因。

4. 防治方法

（1）农业防治。

轮作。将茭白与莲藕、荸荠、慈姑、芋头等轮作。

割茬。冬季将茭白植株在离地 1.5~2cm 高处割茬，将残株叶带出田外集中烧毁。然后注意观察茭白生长情况，如果发现发病情况后及时拔除病株，然后使用咪鲜胺乳油、异菌脲等药剂进行喷洒防治。

施肥。冬季施腊肥，春季施发苗肥，并适时喷施叶面肥。以有机肥为主，一般每亩施 2 500~4 000 kg。缺磷钾的田块，注意补充磷钾肥和锌肥。

灌水。7—8 月高温期水层保持 12~18cm，经常换水降温。注意搁田，每次耘地后搁田至表土有些开裂后再灌水，以提高茭株根系的活力。结合冬前割茬，收集病残老叶集中烧毁，减少菌源。

水肥管理：适当施肥，在冬季的时候要施好越冬肥，以腊肥为主，春季及时追肥促进幼苗的生长，提高幼苗的生长能力。合理喷洒叶面肥，促进叶片生长，增强光合能力。肥料主要以有机肥为主，少用或者是不用化肥，防止产生肥害引发胡麻斑病，注意补充茭白缺少的营养，保证营养全面。在高温季节的时候，要保证土壤湿润，但是也要注意给土壤降温，土壤干裂后再浇水，提高茭白根部的活力。

（2）药剂防治。加强肥水管理，冬季施腊肥，春施发苗肥，适时喷施叶面肥，特别注意补充磷肥、钾肥和锌肥，增强茭株抗病力。在 5 月前和发病初期分别用 6%春雷霉素可湿性粉剂 200~400g/亩，或 20%井冈霉素可湿性粉剂 30~40g/亩，或 50%异菌脲可湿性粉剂 40~60g/亩喷雾防治，10 天 1 次，连续防治 2~3 次。

三、茭白纹枯病

1. 病原
属半知菌，立枯丝核菌真菌。

2. 症状
茭白纹枯病主要发生于田间，侵害植株叶鞘及叶片。初在近水面的叶鞘上产生暗绿色水渍状椭圆形小斑，后扩大并相互连合成云纹状或虎斑状大斑，病斑边缘深褐色，发病与健康部位分界明晰，病斑中部淡褐色至灰白色。病斑由下而上扩展，延及叶片，使叶片出现云纹状斑。发病严重时，叶鞘叶片提早枯死，茭白肉质茎亦受为害，致茭肉干瘪，失去食用价值。本病患部病征前期表现为蛛丝状物（病菌菌丝体），后期表现为萝卜籽粒状的核状物（由菌丝体纠结而成的菌核）。幼嫩菌核呈白色至乳白色绒球状，老熟菌核茶褐色。表面粗糙，仔细观视其呈海绵状孔，或似蜂窝状，易脱落。茭白纹枯病为茭白常见病，为害有逐年加重的趋势。主要为害叶片和叶鞘，形成水渍状、暗绿色至黄褐色云纹状病斑。高湿时，病部生稀疏的淡褐色菌丝体，后形成初白色、渐变为黄褐色的小粒菌核。

茭白纹枯病为茭白常见病，为害有逐年加重的趋势。主要为害叶片和叶鞘，形成水渍状、暗绿色至黄褐色云纹状病斑。高湿时，病部生稀疏的淡褐色菌丝体，后形成初白色、渐变为黄褐色的小粒菌核。

3. 发病特点

茭白纹枯病病原为真菌。其无性世代归半知菌亚门的丝核菌属；有性世代归担子菌亚门的亡革菌属。病原物为半知菌亚门丝核菌属。以 25~32℃ 又遇阴雨天时有利发病；连作田土中菌核多，发病重。

田间病菌常见无性世代，有性世代在高湿条件下偶有产生，不常见，即使产生，其在病害周年循环中所起的作用也不重要。病菌主要以菌核遗落在土中存活越冬，或以菌丝体在病残体上或田间杂草及其他寄主作物上越冬。菌核会随灌溉水传播，飘浮于水面，随风向集结于下风向的田边或田角。

当菌核飘浮并附着于茭白植株上时，在适宜温湿度条件下，萌发菌丝，从近水面的叶鞘处侵入致病。发病后，病部上形成的蛛丝状菌丝体又可通过攀缘接触扩大侵染为害。菌核的存活力很强，遗落在土中表层甚至深层的菌核至少可存活 1~2 年。

病菌具有多征性，其寄主范围很广，除禾本科作物和杂草外，自然感染发病的寄主不下十余科数十种之多。病菌发育和菌核的形成均喜高温高湿（适温为 28~32℃、相对湿度为 96% 以上）。病害的发生和为害受菌核基数、气象条件、田间生态、植株营养状况等多种因素的影响。遗落在土中的菌核（菌核残留量）数量的多少与田间初期发病轻重有密切关系。上季或上年菌核残留量多，初期植株发病率也较高，而此后田间病情的发展，则受田间生态及植株营养状况等因素影响较大。

高温高湿的年份和季节病害发展快；田间长期深灌、疏于露晒田，或过分密植、株间通透性不良，或偏施过施氮肥、植株体内游离氨态氮含量过高，皆有利于病害的发展，病情加重。茭白品种间抗病性差异尚缺调查。

4. 防治方法

防治本病应采取植前尽量清除田间残留菌核以减少菌源，植时和植后合理密植，加强肥水管理，发病期及时施药保护、控病的综合防治措施。具体应抓好下述环节。

（1）植前尽量清除菌源。纹枯病重病地区和重病田，在翻耕耙平后，利用混在"浪渣"内的菌核随风吹集至下风向的田边和田角的特点，用布网或密簸箕等工具打捞、收集"浪渣"带出田外烧毁或深埋，可减少菌源，减轻植株前期发病。此项工作如能坚持做好，收效明显。

（2）合理密植，结合管理尽量清除植株基部鞘叶，改善株丛间通透性，有助于减轻发病。

（3）管理好肥水，创造一个适于茭白植株生长、不利病害蔓延的田间生态环境，以控制本病的水平扩展和垂直扩展，减轻为害。

在用肥上，采取前促（分蘖）、中控（无效分蘖）、后补（催茭肥促孕茭）的施肥策略，配方施肥，施足基肥，适时适量追肥，促植株早生快发，壮而不过旺，稳生稳长，提高植株自身抵抗力。

在水浆管理上，宜根据茭白不同生长期对灌水深度的不同要求，采取前浅（萌芽期及分蘖期）、中晒（控无效分蘖）、后浅或湿润（促孕茭）的策略，以水调温，以水调肥。

台风暴雨季节要注意排水，每次追肥前应适当放浅田水，施后待肥料被土壤吸收后再适度灌田水，孕茭期干干湿湿，保持根系活力，叶片转色正常。

（4）及时喷药预防控病。分蘖盛期前后通过喷药控制病害水平扩展。植株生长中后期通过喷药控制病害垂直扩展，使植株保持足够的功能叶，以利孕茭，提高茭笋产量。

可选用 11% 井冈·己唑醇可湿性粉剂 60~80g/亩，或 6% 井冈·蛇床素可湿性粉剂 60g/亩，或 15% 井冈霉素 A 可溶性粉剂 70g/亩，或 10% 井冈·蜡芽菌悬浮剂 150ml/亩。发病严重田块建议选用 240g/L 噻呋酰胺悬浮剂 20ml/亩喷雾防治。

四、茭白黑粉病

1. 病原

病原为担子菌亚门、黑粉菌目的茭白黑粉菌。

2. 症状特点

主要侵害植株地下茎（茭笋）。染病茭白植株生长减弱，叶片变宽，叶色深绿，叶鞘发黑。挖检地下茎（茭笋），发现地下茎变短，部检茭肉，发现茭肉呈短条状变黑（病菌未发育成熟的孢子堆）或散出黑粉（病菌发育成熟的孢子堆）。

3. 发病特点

病菌以菌丝体潜伏于地下茎内，当新芽萌发时，菌丝即由母茎侵入芽内，并与芽生长点同步向上发展。病菌新陈代谢产生一种称为吲哚乙酸的激素物质，刺激茭白嫩茎基部膨大为纺锤形，病菌在膨大地下茎（茭笋）组织内纵横蔓延，从营养生长阶段转向生殖生长阶段便形成冬孢子堆，此时茭白嫩茎有许多黑色短条状斑。冬孢子堆发育成熟即散出大量黑粉（冬孢子团）。被害病茎不能抽生花穗。如植株分蘖过多，或肥力不足，或灌水不当，往往发病较重。品种间抗病性差异尚缺调查。国内近年推介的 16 个茭白品种中，武汉蔬菜科学研究所培育的几个品种具有较强的抗逆性和适应性，但是否抗黑粉病则有待各地进一步观察确定。

4. 防治方法

（1）精选不带菌茭种。

（2）加强管理。春季要割老墩、压茭墩，降低植株分蘖节位；在老墩萌发时疏除过密分蘖，促萌芽整齐；管好水层，分蘖前宜浅灌，中期适当露晒田，高温期宜深灌，抑制迟分蘖；合理施肥，在施足基肥的基础上，前期及时追肥，促分蘖生长，高温期宜控制追肥，抑制后期分蘖，夏秋季节及时摘除黄叶，改善株间通透性。

第二节　茭白虫害

一、二化螟

属鳞翅目、螟蛾科。

1. 为害症状

二化螟是茭白上最主要的害虫，在茭白上一年发生 2 代，以幼虫在稻桩、稻草和茭白残株内越冬。幼虫蛀茎或食害心叶，造成枯心苗、枯茎，孕茭期蛀入肉质茎为害，产生枯茎和虫蛀茭，严重影响产量和品质，成虫有趋光、趋嫩绿性，喜在茭白叶鞘内产卵，卵块孵化后，蚁螟先在叶鞘内群集为害，造成枯鞘；二、三龄后分散为害，老熟幼虫在茭白内化蛹。

2. 发生规律

（1）二化螟在长江流域年发生2~3代，华南4代，海南岛5代。

（2）绝大多数二化螟以老熟幼虫在茭白残茬薹管中越冬，极少数在叶鞘中越冬。因薹管为活体，越冬幼虫能继续取食，并在不同节间转移。越冬幼虫以六龄幼虫为主。

（3）于3月底4月初开始有少量越冬幼虫化蛹，4月中下旬为化蛹高峰期，至5月上旬末结束化蛹。化蛹期约10天。4月中旬初，有少量蛹开始羽化，至4月中旬末、下旬初进入羽化高峰期。羽化高峰期持续至5月初，5月上旬尚有少量蛹羽化。

（4）二化螟的成虫趋光性不强，二化螟在茭白植株上产卵部位以叶片为主，大多数产于叶片背面，少数产于叶鞘上。叶片上的卵块高度与叶枕距离在30cm。

（5）二化螟的初龄幼虫有群集性，长大后逐渐分散，从叶腋蛀入茎中。

3. 防治方法

（1）农业防治。茭白采收后到越冬幼虫活动转移前，火烧茭墩和枯叶残株，或齐泥割掉茭白残株集中销毁，铲除田埂、田边杂草，消灭各代幼虫。灌深水灭蛹，在幼虫化蛹前，排干田水，使幼虫化蛹位置降低，待化蛹高峰期灌深水10~15cm，过3~5天后排水，可杀死虫蛹。

（2）药剂防治。可用32 000 IU/mg苏云金杆菌可湿性粉剂150~200g/亩，或25.5%阿维·丙溴磷乳油60~80ml/亩，或2%甲氨基阿维菌素苯甲酸盐微乳剂100g/亩。发生较重田块建议使用200g/L氯虫苯甲酰胺悬浮剂10ml/亩，或100g/L氟虫·阿维菌素悬浮剂30~40ml/亩，或40%氯虫·噻虫嗪水分散粒剂20g/亩喷雾防治。

（3）物理防治。杀虫灯、二化螟性诱剂、香根草等蜜源植物。

二、长绿飞虱

属同翅目，飞虱科，是茭白上的主要害虫。

1. 形态特征

卵：乳白色，香蕉形，长 0.8mm 左右，上覆白蜡粉，主要散产于茭白叶片中脉。成虫：淡绿色、梭子形，体长雄 5.3mm，雌 5.8mm，头顶向前突出，翅长超过腹部，后足较长。若虫：共分五龄：一龄 1mm，乳白色；二龄 1.6mm，淡黄色；三龄 2mm，淡绿色，有翅芽；四龄 2.5～3.5mm，淡绿色，翅芽达第三腹节；五龄 3.5～4mm，翅芽达第四腹节；淡绿色，若虫于三龄开始分泌蜡粉，以后随着龄数的增大而蜡粉增多。成虫具有趋光性和趋绿性，成虫喜在嫩叶肋背面肥厚组织内产卵。成若虫刺吸茭白汁液，被害茭株因叶片变黄焦枯，多不结茭白或结茭细而少，造成明显减产。

2. 为害特点

以成虫、若虫聚集在茭白叶背吸取汁液，受害叶片初呈黄白色至淡褐色或棕褐色斑点，后期叶片从叶尖向基部渐变黄干枯，虫体排泄物覆盖叶面形成煤污状，造成植株萎缩矮小，严重时叶片卷曲枯死。雌虫产卵痕迹初呈水渍状，后分泌白绒状蜡粉，出现伤口后失水。为害严重时茭白整株枯死或萎缩，不能结茭。

3. 生活习性

长绿飞虱喜欢栖息在高大、嫩绿的茭株上，田间密度大，通风透光不良的田块虫量大；反之，茭株老健，田间密度小，通风透光良好的田块虫量小。成虫和若虫均有群集性和较强的趋嫩绿性，大多栖息在心叶和倒 2 叶上的中脉附近为害，虫量较大时整个茭株上都有分布。越冬卵抗寒性较强，并有一定抗水性。

4. 防治方法

（1）控制秋茭虫源，割除夏茭残茬。及时割除夏茭残茬，可消灭第二代虫卵，减少秋茭虫源，秋茭收获后，割除茭白地上部分，将其带出田外集中销毁。翌年春季 3 月再全面清除 1 次，把残留的枯叶烧毁或浸入水中，老茭田灌水 3~5 天，以掩杀越冬卵，降低越冬虫口密度。施肥要做到控氮，增钾，补磷。

（2）保护和利用本地天敌。在茭白生长前期不施药或少施药，能够取得比较满意的效果。长绿飞虱的天敌较多，主要有黑腹螯蜂、龟纹瓢虫、草蛉、蛙类等。

（3）掌握正确的防治时间与防治对象。长绿飞虱繁殖力强，在越冬卵大部分孵化未扩散前进行施药，以老茭田、野生茭为重点防治，压低虫口密度，达到保护新茭。长绿飞虱常与茭白二化螟同期发生，用药防治时可适当兼治，并注重封行前的压基数防治策略。

（4）可运用灯光诱杀的方法。利用灯光进行诱杀，尤其是用频振式杀虫灯诱杀效果更好。

（5）把握正确的施药时期与药品。宜在二、三龄若虫高峰期用药，防治间隔期 7~10 天，连续喷雾防治 2 次，喷雾防治时应注意统防统治，可由外围向内绕圈喷药，如平行式来回喷药会赶走飞虱，降低防治效果。农药可选用 10% 醚菊酯悬浮剂 50~60ml/亩，或 25% 噻嗪酮可湿性粉剂 40~60g/亩，或 30% 混灭·噻嗪酮乳油 100ml/亩，或 25% 吡蚜酮可湿性粉剂 30~40g/亩。

第三节　茭白草害

一、毛茛

毛茛（学名：*Ranunculus japonicus* Thunb.）是毛茛科，毛茛

属多年生草本植物。须根多数簇生。茎直立，高可达 70cm，叶片圆心形或五角形，基部心形或截形，中裂片倒卵状楔形或宽卵圆形或菱形，两面贴生柔毛，叶柄生开展柔毛。裂片披针形，有尖齿牙或再分裂；聚伞花序有多数花，疏散；花贴生柔毛；萼片椭圆形，生白柔毛；花瓣倒卵状圆形，花托短小，无毛。聚合果近球形，瘦果扁平，4—9 月花果期。

二、水芹

水芹 [学名：*Oenanthe javanica*（Blume）DC.]，伞形科水芹菜属。别名水英、细本山芹菜、牛草、楚葵、刀芹、蜀芹、野芹菜。多年水生宿根草本植物。全体光滑无毛，具匍匐茎。茎圆柱体，中空，上部 5 枝，长伸出水面；下部每节膨大，绿色，有纵条纹。复叶互生，具柄及鞘，叶片 1~2 回羽状分裂；小叶或裂叶卵圆形或菱形披针。复伞形花序，花白色。双悬果椭圆形。

该杂草性喜凉爽，忌炎热干旱，25℃ 以下母茎开始萌芽生长，15~20℃ 生长最快，5℃ 以下停止生长，能耐 -10℃ 低温；生活在河沟、水田旁，以土质松软、土层深厚肥沃、富含有机质、保肥保水力强的黏质土壤为宜；长日照有利于匍匐茎生长和开花结实，短日照有利于根出叶生长。花期 7—8 月，果期 8—9 月。

三、矮慈姑

矮慈姑（学名：*Sagittaria pygmaea* Miq），别名凤梨草、瓜皮草、线叶慈姑。一年生草本。匍匐茎短细，根状，末端的芽几乎不膨大，通常当年萌发形成新株，稀有越冬者。叶条线，稀披针形，光滑，先端渐尖，或稍钝，基部鞘状，通常具横脉。花葶高 5~30cm，直立，通常挺水。花序总状；苞片椭圆形，膜质，花单性，外轮花被片绿色，倒卵形，具条纹，宿存，内轮花被片白色，圆形或扁圆形。瘦果两侧压扁，具翅，近倒卵形，背翅具鸡冠状齿裂。种子或球茎繁殖。

该杂草在水生蔬菜田中有分布。苗期春夏季，花期6—7月，果期8—9月。

四、鳢肠

鳢肠（学名：*Eclipta prostrata* L.），菊科鳢肠属。别名旱莲草、墨草。一年生草本植物。株高50~60cm。茎直立或匍匐，绿色或红褐色。茎、叶折断后有墨水样汁液。叶对生，无柄或基部叶有柄；叶片长披针形、椭圆形披针形或条状披针形，全缘或有细齿锯状。花序头状，腋生或顶生；边花白色，舌状；心花淡黄色，筒状。舌状花的瘦果四棱形，筒状华东瘦果三棱形，表面都有瘤状突起。以种子繁殖。

该杂草喜湿、耐旱、抗盐、耐瘠、耐阴，生于低洼湿润地带和水田中。上海地区5—6月出苗，7—10月开花、结果，8月果实渐次成熟。

五、眼子菜

眼子菜（学名：*Potamogeton distinctus* A. Benn.），眼子菜科眼子菜属。别名鸭子草、水案板、水上漂。多年生水生草本。根茎发达，白色，多分枝，常于顶端形成纺锤状休眠芽体，并在节处生有稍密的须根。茎圆柱形，通常不分枝。浮水叶革质，披针形、宽披针形至卵状披针形，先端尖或钝圆，基部钝圆或有时近楔形，叶脉多条，顶端连接；沉水叶披针形至狭披针形，草质，具柄，常早落，托叶膜质、顶端尖锐，呈鞘状抱茎。穗状花序顶生，具花多轮，开花时伸出水面，花后沉没水中，花小。绿色果实宽倒卵形。以果实、根状茎与根状茎上生长的越冬芽繁殖。

该杂草在水生蔬菜田中有分布。花果期5—10月。

六、鸭舌草

鸭舌草［学名：*Monochoria vaginalis*（Burm. f.）Presl］，雨久花科雨久花属。别名水锦葵、水玉簪、肥菜、合菜。水生植物。全株光滑无毛。根状茎极短，具柔软须根。茎直立或斜上。叶基生或茎生，叶片形状和大小变化较大，有心状宽卵形、长卵形至披针形，顶端短突尖或渐尖，基部圆形或浅心性，全缘、具弧状脉；叶柄基部扩大成开裂的鞘，鞘顶端有舌状体。总状花序从叶柄中部抽出，该处叶柄扩大成鞘状；花序梗短，花序在花期直立、果期下弯；花通常3~5朵（稀有10余朵），或1~3朵，蓝色。果卵形至长圆形。种子多数，椭圆形，灰褐色。

该杂草在水生蔬菜田中有分布，喜水、喜肥、耐阴。花期8—9月，果期9—10月。

七、碎米莎草

碎米莎草（学名：*Cyperus iria* Linn），莎草科莎草属。别名三方草。一年生草本植物。无根状茎，具须根。干丛生，细弱或稍粗壮，高8~85cm，扁三棱形，基部具少数叶。叶短于干，叶鞘红棕色或棕紫色；叶状苞片3~5枚。穗状花序卵形或长圆状卵形，具5~22个小穗；小穗排列松散，斜展开，长圆形、披针形或线状披针形，压扁，具6~22花；花药短，椭圆形。小坚果倒卵形或椭圆形，三棱形，褐色。以种子繁殖。

该杂草生长于田间、山坡、路旁阴湿处。春夏季出苗。花果期6—10月。

八、异型莎草

异型莎草（学名：*Cyperus difformis* L.），莎草科莎草属，别名球穗碱草。一年生草本植物。成株干丛生，扁三棱形，高5~

50cm。叶线形，短于干，叶上表面中脉处具纵沟，背面突出成脊。具伞花序简单，少数复出，小穗于花序伞梗末端密集成头状，小穗披针形。小坚果三棱状倒卵形，棱角锐，淡褐色，表面具微突起，顶端圆形，花柱残留物呈一短尖头。果脐位于基部，边缘隆起，白色。以种子繁殖。

该杂草生于稻田或水边潮湿处。春季出苗，花果期 7—10 月。

九、千金子

千金子 [学名：*Leptochloa chinensis*（L.）Nees.]，禾本科千金子属。别名续随子、打鼓子、一把伞等。一年生草本。秆直立，基部膝曲或倾斜，平滑无毛。叶鞘无毛，大多短于叶节间；叶舌膜质，常撕裂具小纤毛；叶片扁平或多少卷折，先端渐尖，两端微粗糙或下面平滑。圆锥花序长 10~30cm，分枝及主轴均微粗糙；小穗多带紫色；花药长约 0.5mm。颖果长圆球形。

该杂草喜水田、低湿旱田及地边，生长需要较高的温度，并且水分要充足，因此发生偏晚。上海地区一般 5 月至 6 月初出苗，8—11 月陆续开花结果。

十、稗草

稗草 [学名：*Echinochloa crusgalli*（L.）Beauv.]，禾本科稗属。别名稗、稗子。一年生草本植物。植株高 50~150cm。须根庞大。茎丛生，光滑无毛。叶片扁平线形，主脉明显；叶鞘光滑柔软，无叶舌及叶耳。圆锥花序直立，近尖塔形；小穗卵形，密集于穗轴一侧。颖果椭圆形，骨质，有光泽。

该杂草适应性强，喜温暖、湿润环境，既能生长于浅水中又耐旱，耐酸碱。繁殖力强，1 株结籽可达 1 万粒。因根系庞大而吸收肥水能力强。上海地区一般花果期为 6—10 月。

第六章 茭白绿色防控技术

第一节 杀虫灯

杀虫灯是利用害虫的趋光、趋波等特性，将光的波长、波段、波的频率设定在特定范围内，引诱成虫扑灯，并配高压电网诱杀成虫。具有诱虫种类广、诱虫量大、对天敌安全、使用成本低、使用方便等特点。可诱杀鳞翅目、同翅目、直翅目等为主的蔬菜害虫20余种，茭白上对大螟、二化螟、长绿飞虱茭白害虫等比较有效，可以降低田间落卵量，压低虫口基数，控制害虫抗性的产生，减轻化学农药对环境的污染和维护生态平衡有着极其重要的作用。

一、挂灯高度和密度

在近市区光源充足的情况下单灯控害面积为20~25亩，在远离市区光源相对较弱的基地单灯控害面积为30~40亩。茭白上杀虫灯挂置高度灯体底部距离地面150cm左右。

二、挂灯和开关灯时间

通常情况下，5—10月诱杀数量最多，杀虫灯的应用时间以每年的4—11月为宜，4月底应将杀虫灯挂出，11月将其收回。每天傍晚到22时是杀虫灯诱杀害虫的最佳时间，22时以后诱杀数量逐渐减少。因此，杀虫灯每天的开灯时间以 19—24 时为宜。在特殊情况下，开灯时间也可作适当调整。

三、杀虫灯保养和维护

1. 及时清洗接虫袋和清刷高压电网

接虫袋必须 3 天清洗 1 次，如果在夏季高温季节，最好是每天清洗，以利于提高害虫诱杀效果。同时要清刷高压电网，但是清刷高压时必须关闭电源，以免电击伤人。

2. 正确安置和及时收储杀虫灯

杀虫灯应挂置于电线杆或吊挂在牢固的物体上。在每年使用结束后，及时把杀虫灯清洗干净，装入纸盒，放在通风、干燥的仓库。翌年挂灯前需要进行仔细检查，发现灯管、高压触杀网等损坏应及时调换，以保证挂出的灯能正常工作。

3. 保证杀虫灯安全使用

杀虫灯作为一种特殊光源，不能用于照明，使用时要注意安全。接通电源后不能触摸高压电网，雷雨天不能开灯。

第二节　性诱剂

性诱剂诱杀技术是利用害虫的性生理作用，通过诱芯释放人工合成的雌性信息素引诱雄蛾至诱捕器，杀死雄蛾，达到减少虫量，防治虫害的目的。性诱防治技术具有选择性高、专一性强、与其他技术兼容性好，对环境安全等特点。目前上海菜区推广较多的是宁波纽康生物技术有限公司和北京中捷四方生物科技有限公司生产的性诱产品。茭白上主要应用的是二化螟性诱剂。

一、使用方法

二化螟性诱剂（PVC），在二化螟防治区域内，成虫羽化始期,将本产品及配套诱捕器棋盘式挂于田间,每亩放置 1 个二化螟诱捕器,内置诱芯 1 个,诱捕器之间距离内围为 28m,外围可适度密一些,外围诱捕器之间距离约为 15m。放置高度以二化螟类诱捕器的进虫孔距地面 1~1.5m 为最佳,每 4~6 周更换诱芯。

二、注意事项

本产品使用前应在冰箱中冷藏保存,保质期 18 个月,一旦打开包装,应尽快使用,未用完的诱芯冷冻保存,不易长期存放。

稻田未翻耕时,诱捕器可安插田埂边,能保证安放密度要求即可。

要集中,连片安放。

第三节　信息素光源诱捕器

PLT-A 信息素光源诱捕器是北京中捷四方生物科技股份有限公司开发出新一代雌雄双诱高效诱捕器,配合相应诱芯可极显著提高靶标害虫雄成虫诱捕数量,同时大量诱捕雌成虫——雌雄双诱,高效诱捕,真正防控。

一、部件组成

底托、连接钩、集成上盖。

注:集成上盖是由太阳能板、集成电路、蓄电池及光源灯组成的一体结构部件。

二、安装步骤

一是将四个连接钩带钩的一端由外向内分别穿过底托的穿孔。

二是将四个连接钩的另一端分别对应与集成上盖周侧的四个凸起相扣合。

三是将插杆（另配）钝端由下而上穿过集成上盖一侧的夹口，并用螺丝固定。

三、使用方法

该诱捕器适用对象主要是茭白二化螟、蔬菜小菜蛾、水稻纵卷叶蛾等，应结合不同害虫诱芯使用。

依虫口密度调整，虫口密度中低水平，每3~5亩1套；虫口较高时，每1~3亩1套，可根据虫口密度及时调整。在成虫扬飞前悬挂，扬飞盛期可酌情增加数量，诱芯4~6周更换1次。

将诱捕器悬挂于田间时，注意打开集成上盖下侧的开关按钮；在底托两边穿插两张配套诱虫板（另配），带胶的一面朝上；随后将诱芯置于诱虫板中央；集成上盖一端可悬挂于支架上或果园枝条上。

茭白田使用时，离地面高度1.5~2.0m为宜；在旱地蔬菜地使用时，与地面距离不超过0.8m，但要高于叶面10~20cm；在果园中使用时，可利用绳线等替代插杆来悬挂，离地面高度1.5~2.0m为宜，选择树冠中下部叶丛通风处。

实时查看诱捕情况，虫满或无黏性时更换粘虫板，以确保防治效果。

第四节　地　布

地布是由抗紫外线的PP或PE扁丝编织而成的一种布状材料，根据其颜色可分为黑色和白色两种，地布的主要特征是具有一定的编织结构，同时材料应具有一定的耐磨性、抗紫外线和抗霉变的特性，对于农业生产上用的地布，其强度还应能够阻止昆虫和中小型动物的侵害。除草地布主要的作用是防止地面产生杂草。由于地布可以阻止阳光对地面的直接照射（特别是黑色地布），同时利用地布本身坚固的结构阻止杂草穿过地布，从而保证了地布对杂草生长的抑制和杀灭作用。地面覆盖也可以及时排除地面积水，保持地面清洁。主要的技术指标有透水性、拉伸强度、宽幅、颜色、寿命期等。

茭白上使用除草地布主要用于田埂，来抑制田埂上滋生的杂草，同时改善田间操作环境，恶化害虫寄生场所，减少虫害的发生。地布的使用也需要讲究一定的流程和要求。

一、铺设流程

首先清除田埂地面杂草。

选择适合规格的地布（宽幅），拉直绷紧，紧贴土面，覆严压实，每隔150cm左右打地布专用塑料地钉固定，地钉要压插到底。

遇到接缝处留15cm左右重叠，后打地钉，以防接口处撕裂，露出土面。

茭白田一头留有2~3m空隙，便于拖拉机等耕作机械进出。

注意日常检查，大风暴雨等灾害性天气后检查维护，发现破损及时加固修补。

使用期一般2~3年，破损严重后，必须更换。

二、总体要求

平整美观、坚实牢固；紧贴地面、覆盖严密。

第五节 天 敌

天敌有寄生性天敌和捕食性天敌，茭白上天敌较多，但是目前比较成熟，且可以人工生产的主要有螟黄赤眼蜂或稻螟赤眼蜂。

一、螟黄赤眼蜂

具有高繁殖力、抗逆能力强等优点，适合于气候温和地区使用。生活习性：产卵于寄主卵内；有较强的趋光性。繁殖周期1年17~30代，成虫生命周期11天。

形态特征：色泽多变，在15~20℃育出的成虫，体暗黄色，中胸盾片褐色，腹部褐色；在25℃育出的，腹部中央具暗黄色窄横带；而在30~35℃下育出的，其中胸盾片为暗黄色，腹部中央具暗黄色宽横带。

释放技术：在茭白二化螟成虫高峰期开始释放。每代一般释放3次，可根据虫情减少1次或增加1~2次。第1次释放后间隔3天，第2次释放之后每隔5天释放1次。每次释放量在10 000~20 000头/亩，蜂卡挂放的高度50~100cm，随植株生长相应调整高度。避免高温和大雨天放蜂。

二、稻螟赤眼蜂

属于膜翅目，赤眼蜂科。分布于辽宁、河北、河南、陕西、江苏、浙江、安徽、江西等地。现人工可以生产。喜好生活于稻田或相似的沼泽环境中，寄生于螟蛾科、夜蛾科、弄蝶科、小灰蝶科、灯蛾科等一些昆虫的卵中，是二化螟、稻纵卷叶螟、稻螟蛉、稻苞虫等害虫的重要的卵期天敌，对抑制这些害虫的发生数量起着重要的作用。

（一）释放技术

选择茭白田二化螟调查结果，选择二化螟成虫羽化始盛前1~2天释放为第一次放蜂时间，后续放蜂时间为前一次的4~7天。放蜂量根据田间虫口酌情调整，具体参考如下。

（1）二化螟成虫和蛹量累计少于 120 只／亩，稻螟赤眼蜂第一次释放为 6 000~9 000 只／亩，放蜂 4~7 天后，同样数量的赤眼蜂进行第二次释放。

（2）化螟成虫和蛹量累计在 120~180 只／亩，稻螟赤眼蜂第一次释放为 10 000~15 000 只／亩，放蜂 4~7 天后，同样数量的赤眼蜂进行第二次释放。

（3）化螟成虫和蛹量累计超过 18 只／亩，稻螟赤眼第一次释放为 20 000~25 000 只／亩，放蜂后第 4 天和第 7 天，再次分别释放相同数量的稻螟赤眼蜂。

（二）放蜂点密度

田间稻螟赤眼蜂放蜂点视稻田形状而定，方形规则稻田沿田按矩形设置放蜂点不规则形状稻田按 5 点"梅花形"设置放蜂点。放蜂点应距田埂 4~5m，相邻两个释放点间距 8m 左右，每亩设置 9~10 个放蜂点。

（三）放蜂方法

于放蜂点立一根 2m 左右，直径 1~2cm 的竹单或木条，顶端系一条 1.0~1.2m 的绳子绳子底端固定一个望料杯，杯口朝下，且杯口高于茭白顶端 10~30cm。将准备好的稻螟赤眼蜂卵卡背面粘于望料杯底部，一个放蜂点需 2~3 张稻赤眼蜂卵卡时，将卵卡粘于望料杯侧面，但不能超出杯口边沿，或适当增加塑料杯数量。

（四）放蜂天气

释放稻螟赤眼蜂直选择晴朗、无风（或微风，风速<2m/s）的上午或下午进行，避开中午太阳暴晒时间段，同时，关注天气情况，放蜂后续不宜出现大风暴雨天气。

第六节　蜜源植物和趋避植物

　　所谓蜜源植物主要是能为蜜蜂和其他有益昆虫提供花蜜、蜜露和花粉的植物，栽培蜜源植物有利于保护种植区域生物多样性，更主要的是可以为稻虱缨小蜂、蜘蛛、稻螟赤眼蜂、二化螟绒茧蜂等茭白天敌提供生息繁衍的场所，从而也可以为利用自然天敌来控制茭白虫害提供了可能性。种植蜜源植物还可以美化田边环境，抑制杂草生长；所谓趋避植物是指植物本身可以产生对害虫等起到趋避作用的化学物质，从而使害虫等远离植物种植区域，通过这种手段也可以起到降低田间虫口的作用。

　　可供栽培的蜜源植物有很多，结合茭白生育期，虫害发生期，成本等要素，茭白上比较理想的蜜源植物有向日葵、虞美人、车轴草、酢浆草；趋避植物为百日草和柳叶马鞭草。

一、向日葵

　　1. 简介

　　矮向日葵为一年生草本，株高 50~70cm。喜阳光充足和温热环境，不耐阴，不耐寒。具有耐盐碱、耐瘠薄的特点，对土壤要求不严。

　　2. 栽培要点

　　（1）播种育苗。宜选择矮秆（株高约 1m）向日葵品种，播种期3—8月，花期5~10月。每亩地用种量1.5~2kg，播种前先用55℃温水进行温汤浸种10min，然后转入常温水中浸泡6h后放放30℃条件下催芽，待种子有60%露白后即可播种。营养土可选择商品育苗基质，用50孔的穴盘装好基质，将露白的向日葵种子芽朝下或平放插入装满基质的穴盘里，再用营养土盖好，覆盖厚度1~2cm，待第一片真叶显现后即可定植到大田，每亩定植 2 500~3 000 株。

（2）肥水管理。大田按照亩施 30kg 复合肥作为底肥，进入快速生长期后每 2 周追施 1 次复合肥，用量 5kg/亩。矮生向日葵生长要求较多水分，特别是进入春末夏初，植物蒸腾量迅速增加，一旦失水，叶片和花瓣便会明显萎蔫。因此应及时浇水。伏夏季节可增加每日浇水次数，保持土壤始终湿润。每次浇水应浇透，但切忌积水。

（3）注意事项。在成花初期（4 月下旬）及时疏蕾，只留枝条顶端的 1~2 个花蕾为宜。

二、虞美人

1. 简介

虞美人是一年生草本植物，播种期 3—4 月或 9—11 月，花期 6—7 月或翌年 5—6 月。全体被伸展的刚毛，稀无毛。茎直立，高 25~90cm。耐寒，怕暑热，喜阳光充足的环境，喜排水良好、肥沃的沙壤土。

2. 栽培要点

（1）播种育苗。播种土壤整理要细，做畦浇透水，然后撒播或条播。由于虞美人的种子细小，因此播种时土壤要整平、打细，撒播后不必覆土，也可薄薄地盖上一层细沙土。覆土厚度以看不见种子为宜（0.2~0.3cm）。种子发芽的适宜温度为 20℃。当幼苗有 5~6 片叶子时，进行间苗，株行距一般为 30cm×30cm。每亩地用种量 0.5~1kg。

（2）肥水管理。大田按照亩施 30kg 复合肥作为底肥，花前追施 2 次稀薄液肥，幼苗生长期，浇水不能过多，但需保持湿润。地栽的一般情况下不必经常浇水，以田间土壤最大持水量的 60% 左右对虞美人的发育较好。

（3）注意事项。及时剪去开败的花朵，会使余花开得更好。

三、车轴草

1. 简介

短期多年生草本，生长期达 5 年，播种期 8—9 月，花期翌年 5—10 月。株高 10~30cm。喜向阳、湿润的环境，夏季炎热地区宜遮半阴，抗旱能力较强，耐低温。还有保持和改良土壤的作用，能使每亩增加 20~60kg 的氮素。

2. 栽培要点

（1）播种育苗。每亩播量为 0.25~0.5kg，多采用条播，行距为 30cm，播深 0.5~1cm。播种后出苗前，若遇土壤板结时，要及时耙耱，破除板结层，以利出苗。苗期生长慢，为防杂草为害，要中耕松土除草 1~2 次。

（2）肥水管理。大田按照亩施 30kg 复合肥作为底肥，花前追施 2 次稀薄液肥，幼苗生长期，浇水不能过多，但需保持湿润。地栽的一般情况下不必经常浇水，以田间土壤最大持水量的 60% 左右较好。

四、酢浆草

1. 简介

酢浆草是草本植物，播种期 3—4 月，花期 6—10 月。高 10~35cm，全株被柔毛。喜向阳、温暖、湿润的环境，夏季炎热地区宜遮半阴，抗旱能力较强。春夏秋不间断开花，以春秋凉爽时间花开最盛。

2. 栽培要点

（1）播种育苗。种球繁殖，栽植间距 15cm×35cm，每亩栽植 6 000~8 000 株。

（2）肥水管理。大田按照亩施 30kg 复合肥作为底肥，酢浆草在出苗之后需要加强管理，水分一定不能太多，只要微微湿润即可，浇水也是要等到土壤表面干透再浇，如果浇水太多或者连续经历雨水就会导致球根腐烂，逐渐枯萎。酢浆草最喜欢的肥料就是钾元素，一次不能施太多。

（3）注意事项。酢浆草怕水涝，一定要留足排水口，避免雨季积水。

五、百日草

1. 简介

一年生草本，种子寿命为 3 年，播种期 4—6 月，花期 6—10 月。喜温暖、不耐寒、喜阳光、怕酷暑、性强健、耐干旱、耐瘠薄、忌连作。根深茎硬不易倒伏。宜在肥沃深土层土壤中生长。生长期适温 15~30°C。

2. 栽培要点

（1）播种育苗。播种前，土壤和种子要经过严格的消毒处理，以防生长期出现病虫害，种子消毒用 1% 高锰酸钾液浸种 30min，育苗基质用未使用过的商品基质，播前基质湿润后点播，百日草为嫌光性花种，播种后须覆盖一层蛭石。在 21~23℃ 时，3~5 天即可发芽，亩用种量 1~2kg，每亩定植 3 000~4 000 株。

（2）肥水管理。大田按照亩施 30kg 复合肥作为底肥，在定植 1 周内应保持土壤湿润，以促进表层根系生长，定植 1 周后开始摘心，摘心后可喷 1 次杀菌剂并施 1 次重肥（复合肥 10kg/亩）。在最后 1 次摘心后约两周进入生殖阶段，可逐步增加磷钾肥，如喷施磷酸二氢钾 1 000 倍液，促使出花多且花色艳丽，并相应减少氮肥的用量。期间应保证充足的淋水量，且上午淋水比下午淋水要好，叶片的快速干燥可防止病害的发生并防止徒长。

（3）注意事项。发芽期不需要光照，发芽后苗床保持50%~60%的含水量，不能太湿，以免烂根或发生猝倒病。

六、柳叶马鞭草

1. 简介

多年生草本，播种期 1—3 月，花期 5—9 月。喜温暖气候，耐旱能力强，需水量中等。生长适温为 20~30℃，不耐寒，10℃以下生长较迟缓，在全日照的环境下生长为佳。

2. 栽培要点

（1）播种育苗。种苗移栽，定植时株行距采用大小垄，大垄间距 60cm，小垄间距 40cm，每亩地定植 3 000~3 500 株。

（2）肥水管理。大田按照亩施 30kg 复合肥作为底肥，定植后浇透水，保证土面下 20cm 的土层保持湿润状态。柳叶马鞭草不用修剪，自然分枝能力强。定植后一个半月到两个半月开始进入花期，盛花期能够维持两个半到三个月。柳叶马鞭草非常耐旱，养护过程中要间干间湿，不可过湿。

第七节　植物免疫诱抗激活蛋白

"维大利"植物免疫激活蛋白是一种新型植物活性蛋白，由工程菌发酵，不含任何添加剂，为纯生物干粉制剂。使用本产品具有提高植物免疫力、极显著促进生长发育、提高农作物产量、提高瓜果维生素 C 及糖分含量等功能，可用于有机、绿色食品生产。适用于蔬菜、粮棉油及水果等农作物的生产。

一、作用机理

可以调控细胞分裂素、茉莉酸等 8 种植物激素信号途径中的关键基因；提高植物光合天线蛋白基因转录，从而提高叶绿体的光合作用；极显著调节半乳糖及葡萄糖的合成；调节淀粉与可溶性糖代谢等多个信号途径中基因的表达水平，从而提高植物免疫力，促进植物生产发育，改善品质。

二、使用方法

可采用浸种、叶面喷施及种衣剂"包衣伴侣"等方式作用于植物，从而达到减少病害发生，提高抗逆性、增加产量、改善品质等作用。一般在茭白定植 15 天后喷施 1 次，建议浓度1~2mg/kg。

三、注意事项

可与化肥、其他天然肥料和化学杀虫剂混合使用。

用量要求严格，过量或减少使用会影响作物生长或产量等。

使用时注意充分搅拌，溶解均匀。

切勿吞食，过敏者禁用，使用中有任何不良反应，请及时就医。

贮藏条件：室温避光干燥处保存，保质期 2 年。

第七章 茭白药剂筛选及 植保技术研究

第一节 茭白杀虫剂的药效试验

一、2%甲氨基阿维菌素苯甲酸盐微乳剂（吉盾）防治茭白二化螟效果试验（练塘）

1. 试验目的

茭白生育期长，生长量大，病虫害发生比较严重。二化螟是为害茭白最严重的害虫，严重的可减产 20% 以上。甲氨基阿维菌素苯甲酸盐是在阿维菌素基础上添加其他基团合成的一种新型高效杀虫杀螨剂，特别对鳞翅目害虫小菜蛾等有极高的生物活性，具有生物源、无公害等特点，因而被广泛应用于绿色农产品生产。为评价该药剂对茭白二化螟的防治效果，受河北威远生物化工有限公司委托，于 2018 年进行了 2%甲氨基阿维菌素苯甲酸盐微乳剂（吉盾）防治茭白二化螟田间药效试验。现将试验结果报道如下。

2. 试验条件

（1）试验对象、作物和品种。

试验对象：二化螟。

试验作物：茭白，品种杭州茭（6月18日栽培）。

（2）环境条件（包括靶标作物播种时间、移栽时间、上茬作物名称、作物密度、害虫处于的龄期以及土壤及耕作条件，天气情况等）。

试验安排在青浦区练塘镇上海练塘叶绿茭白专业合作社茭白基地。供试茭白品种为双季茭大白茭，于2018年6月18日移栽，亩株数600株。施药时为3代二化螟卵孵化盛期，茭白苗期。试验于2018年8月23日喷药，每亩用水量100L，喷药时直接叶面喷雾。

3. 试验设计和安排

（1）药剂。

①试验药剂。试验药剂2%甲氨基阿维菌素苯甲酸盐微乳剂由河北威远生物化工有限公司提供。试验药剂共设3个处理，每亩用药量分别为：处理1：2%甲氨基阿维菌素苯甲酸盐微乳剂50g（制剂用量，下同）；处理2：2%甲氨基阿维菌素苯甲酸盐微乳剂75g；处理3：2%甲氨基阿维菌素苯甲酸盐微乳剂100g。

②对照药剂。对照药剂40%氯虫·噻虫嗪水分散粒剂由先正达南通作物保护有限公司生产。设定一个处理，每亩用药量为：处理4：40%氯虫·噻虫嗪水分散粒剂10g/亩。

③空白对照。使用清水喷雾。

（2）小区安排。

①小区排列。试验药剂、对照药剂和空白对照每个处理重复3次，小区面积30m²，采用随机区组排列。

②小区面积和重复。各试验小区面积60m²，重复3次，合计小区总面积450m²。

（3）施药方法。

①施药器械和方法。采用卫士16型背负式喷雾器对茭白植株均匀喷雾，用水量1 500 kg/hm²。

②施药时间和次数。施药时为病虫情报 3 代二化螟卵孵化盛期，茭白苗期。试验于 2018 年 8 月 16 日喷药 1 次，每亩用水量 100L，喷药时直接叶面喷雾。试验期间不在施用其他任何农药。

③施药容量。各试验小区试验药剂名称、剂型、含量、亩用量、亩用水量见表 7-1。

表 7-1　各试验小区试验情况

编号	试验药剂名称	剂型	含量	亩用量	亩用水量
1	甲氨基阿维菌素苯甲酸盐	微乳剂	2%	50g	100L
2	甲氨基阿维菌素苯甲酸盐	微乳剂	2%	75g	100L
3	甲氨基阿维菌素苯甲酸盐	微乳剂	2%	100g	100L
4	氯虫·噻虫嗪	水分散粒剂	40%	10g	100L
5	清水对照	—	—	—	100L

4. 试验调查

（1）药效调查。

①调查时间和次数。于当代二化螟为害定型后，一般药后 7 天调查 1 次。试验分别于 8 月 27 日和 9 月 30 日进行了两次调查（药后 7 天调查时未发现虫蛀株和幼虫）。

②调查方法。采用平行跳跃式取样，同时调查枯鞘数和活虫数。枯鞘数调查方法：在田间调查，每小区调查 15 株茭白，观察茭白叶片。

活虫数调查方法：五点调查法取每小区 15 株茭白，调查有枯鞘的茭白内部活虫数。

③药效计算方法。根据清水对照和药剂处理区药后 45 天枯鞘数和存活虫数，按下列公式分别计算各处理区和对照区的枯鞘率、枯鞘防效和幼虫防治效果。

枯鞘率（%）= 枯鞘数/总鞘数×100

枯鞘防效（%）=（空白对照枯鞘率 - 药剂处理区枯鞘

率）/空白对照枯鞘率×100

幼虫防效（%）=（空白对照幼虫数－药剂处理区幼虫
数）/空白对照幼虫数×100

（2）其他调查项目。

①气象资料。当日及试验期间气象资料概要。

②对作物的影响。试验药剂和对照药剂施药后，对茭白株
高、孕茭、膨大无任何影响。

③对产量和品质的影响。试验药剂和对照药剂对茭白产量和
品质无感官上的影响。

④对其他生物的影响。试验药剂和对照药剂试验期间对其他
生物无影响。

5. 结果与分析

表7-2　2%甲氨基阿维菌素苯甲酸盐微乳剂（吉盾）
防治茭白二化螟效果试验结果

试验处理	药后45天			
	平均虫口数（头）	平均枯鞘率（%）	枯鞘防效（%）	幼虫防效（%）
2%甲氨基阿维菌素苯甲酸盐 50g/亩	1.33	0.65	32.71	20.16
2%甲氨基阿维菌素苯甲酸盐 75g/亩	1.00	0.64	34.52	40.12
2%甲氨基阿维菌素苯甲酸盐 100g/亩	1.00	0.61	36.86	40.12
40%氯虫·噻虫嗪 WG10g/亩	1.67	0.53	45.23	0.20
清水对照	1.67	0.97	—	—

防治效果（表7-2）显示，药后7天，由于各试验小区未发
现虫蛀株和幼虫。药后45天，枯鞘防效上，4个药剂处理以
40%氯虫·噻虫嗪水分散粒剂 10g/亩处理效果最高，达到
45.23%，2%甲氨基阿维菌素苯甲酸盐微乳剂50g/亩、75g/亩、
100g/亩的枯鞘防效均低于40%，随着浓度的增高，枯鞘防效增

高。幼虫防效方面，2%甲氨基阿维菌素苯甲酸盐75g/亩和100g/亩的防效均为40.12%，高于对照药剂40%氯虫·噻虫嗪水分散粒剂10g/亩处理效果。

由于试验地块茭白6月18日移栽，试验时苗高1.5m左右，平均分蘖数15个，正处于苗期（分蘖期），茭白二化螟为害较轻。试验地块边有大白茭，正处于孕茭期，茭白二化螟为害较重，所以试验地块二化螟发生情况很轻微，实验数据差异不明显。

6. 评价和建议

通过对2%甲氨基阿维菌素苯甲酸盐微乳剂50g/亩、75g/亩、100g/亩和40%氯虫·噻虫嗪水分散粒剂10g/亩四个处理的试验发现，两种药剂对茭白作物安全，无任何不良表现，对非靶标生物安全。其中2%甲氨基阿维菌素苯甲酸盐微乳剂75g/亩和100g/亩处理对茭白二化螟防效最佳。该药剂登记用量为50g/亩，本试验中2%甲氨基阿维菌素苯甲酸盐微乳剂50g/亩的枯鞘和幼虫防效也达到50%以上，说明该药剂对茭白二化螟具有很好的防效。由于茭白作物后期叶片数多，密度高，用水量大，建议使用剂量为75~100g/亩。

二、2%甲氨基阿维菌素苯甲酸盐微乳剂（吉盾）防治茭白二化螟效果试验（朱家角镇）

1. 试验目的

茭白生育期长，生长量大，病虫害发生比较严重。二化螟是为害茭白最严重的害虫，严重的可减产20%以上。甲氨基阿维菌素苯甲酸盐是在阿维菌素基础上添加其他基团合成的一种新型高效杀虫杀螨剂，特别对鳞翅目害虫小菜蛾等有极高的生物活性，具有生物源、无公害等特点，因而被广泛应用于绿色农产品生产。为评价该药剂对茭白二化螟的防治效果，受河北威远生物化工有限公司委托，于 2018 年进行了 2%甲氨基阿维菌素苯甲酸盐微乳剂（吉盾）防治茭白二化螟田间药效试验。现将试验结果报道如下。

2. 试验条件

（1）试验对象、作物和品种。

试验对象：二化螟。

试验作物：茭白，品种大白茭（4 月 12 日栽培）。

（2）环境条件。试验安排在青浦区朱家角镇安庄村上海世鑫蔬菜种植专业合作社茭白基地。供试茭白品种为双季茭大白茭，于 2018 年 4 月 12 日移栽，亩株数 600 株。施药时为 3 代二化螟卵孵化盛期，茭白孕茭膨大期。试验于 2018 年 8 月 21 日喷药，每亩用水量 100L，喷药时直接叶面喷雾。

3. 试验设计和安排

（1）药剂。

①试验药剂。试验药剂 2%甲氨基阿维菌素苯甲酸盐微乳剂由河北威远生物化工有限公司提供。试验药剂共设 3 个处理，每亩用药量分别为：处理 1：2%甲氨基阿维菌素苯甲酸盐微乳剂 50g（制剂用量，下同）；处理 2：2%甲氨基阿维菌素苯甲酸盐微乳剂 75g；处理 3：2%甲氨基阿维菌素苯甲酸盐微乳剂 100g。

②对照药剂。对照药剂 40%氯虫·噻虫嗪水分散粒剂由先正达南通作物保护有限公司生产。设定一个处理，每亩用药量为：处理 4：40%氯虫·噻虫嗪水分散粒剂 10g/亩。

③空白对照。使用清水喷雾。

（2）小区安排。

①小区排列。试验药剂、对照药剂和空白对照每个处理重复 3 次，小区面积 60m²，采用随机区组排列。

②小区面积和重复。各试验小区面积 60m²，重复 3 次，合

计小区总面积900m²。

（3）施药方法。

①施药器械和方法。采用丰田公司生产的FT-900型背负式喷雾机均匀喷雾，用水量100L/亩。

②施药时间和次数。施药时为3代二化螟卵孵化盛期，茭白孕茭膨大期。试验于2018年8月21日喷药1次，每亩用水量100L，喷药时直接叶面喷雾。试验期间不在施用其他任何农药。

③施药容量。各试验小区试验药剂名称、剂型、含量、亩用量、亩用水量见表7-3。

表7-3　各试验小区试验情况

编号	试验药剂名称	剂型	含量	亩用量	亩用水量
1	甲氨基阿维菌素苯甲酸盐	微乳剂	2%	50g	100L
2	甲氨基阿维菌素苯甲酸盐	微乳剂	2%	75g	100L
3	甲氨基阿维菌素苯甲酸盐	微乳剂	2%	100g	100L
4	氯虫·噻虫嗪	水分散粒剂	40%	10g	100L
5	清水对照	—	—	—	100L

4. 试验调查

（1）药效调查。

①调查时间和次数。于当代二化螟为害定型后，一般药后7天调查1次，必要时14天或茭白第一次采收时再调查1次。试验分别于8月27日和9月10日进行了2次调查。

②调查方法。采用平行跳跃式取样，同时调查枯鞘数和活虫数。枯鞘数调查方法：在田间调查，每小区调查15株茭白，观察茭白叶片。

活虫数调查方法：五点调查法取每小区15株茭白，调查有枯鞘的茭白内部活虫数。

③药效计算方法。根据清水对照和药剂处理区药后 7 天、20 天枯鞘数和存活虫数，按下列公式分别计算各处理区和对照区的枯鞘率、枯鞘防效和幼虫防治效果。

枯鞘率（%）＝枯鞘数/总鞘数×100

枯鞘防效（%）＝（空白对照枯鞘率－药剂处理区枯鞘率）/空白对照枯鞘率×100

幼虫防效（%）＝（空白对照幼虫数－药剂处理区幼虫数）/空白对照幼虫数×100

（2）其他调查项目。

①气象资料。当日及试验期间气象资料概要。

②对作物的影响。试验药剂和对照药剂施药后，对茭白株高、孕茭、膨大无任何影响。

③对产量和品质的影响。试验药剂和对照药剂对茭白产量和品质无感官上的影响。

④对其他生物的影响。试验药剂和对照药剂试验期间对其他生物无影响。

5. 结果与分析

表 7-4　2%甲氨基阿维菌素苯甲酸盐微乳剂（吉盾）
防治茭白二化螟效果试验结果

试验处理	药后7天				药后20天			
	平均虫口数（头）	平均枯鞘率（%）	枯鞘防效（%）	幼虫防效（%）	平均虫口数（头）	平均枯鞘率（%）	枯鞘防效（%）	幼虫防效（%）
2%甲氨基阿维菌素苯甲酸盐 50g/亩	8.33	0.59	55.27	59.99	12.67	1.19	42.37	61.23
2%甲氨基阿维菌素苯甲酸盐 75g/亩	8.00	0.56	57.77	61.42	10.33	0.97	52.90	68.37
2%甲氨基阿维菌素苯甲酸盐 100g/亩	6.00	0.35	73.47	70.00	7.67	0.79	61.73	76.53
40%氯虫·噻虫嗪 WG10g/亩	7.67	0.63	52.65	62.85	7.00	0.99	52.13	78.57
清水对照	22.33	1.33	—	—	32.67	2.06	—	—

防治效果（表7-4）显示，药后7天，4个药剂处理以每亩用2%甲氨基阿维菌素苯甲酸盐微乳剂100g的防效较为理想，枯鞘防效为74.47%，幼虫防效70%，对照药剂40%氯虫·噻虫嗪水分散粒剂10g/亩枯鞘防效和幼虫防效均优于试验药剂2%甲氨基阿维菌素苯甲酸盐50g/亩处理和75g/亩处理。药后20天，4个药剂处理中，枯鞘防效以2%甲氨基阿维菌素苯甲酸盐微乳剂100g/亩处理最优，防效达到61.73%，幼虫防效以40%氯虫·噻虫嗪水分散粒剂10g/亩防效最佳，达到78.57%，与2%甲氨基阿维菌素苯甲酸盐微乳剂100g/亩防效76.53%基本持平。

综合药后7天和20天，各处理间枯鞘防效和幼虫防效，以2%甲氨基阿维菌素苯甲酸盐微乳剂100g/亩处理最优，40%氯虫·噻虫嗪水分散粒剂10g/亩处理和2%甲氨基阿维菌素苯甲酸盐75g/亩处理间差异小。

6. 评价和建议

通过对2%甲氨基阿维菌素苯甲酸盐微乳剂50g/亩、75g/亩、100g/亩和40%氯虫·噻虫嗪水分散粒剂10g/亩四个处理的试验发现，两种药剂对茭白作物安全，无任何不良表现，对非靶标生物安全。其中，2%甲氨基阿维菌素苯甲酸盐微乳剂100g/亩处理对茭白二化螟防效最佳。该药剂登记用量为50g/亩，本试验中2%甲氨基阿维菌素苯甲酸盐微乳剂50g/亩的枯鞘和幼虫防效也达到50%以上，说明该药剂对茭白二化螟具有很好的防效。由于茭白作物后期叶片数多，密度高，用水量大，建议使用剂量为100g/亩。

三、34%乙多·甲氧虫悬浮剂（斯品诺）防治茭白二化螟效果试验（练塘）

1. 试验目的

茭白生育期长，生长量大，病虫害发生比较严重。二化螟是为害茭白最严重的害虫，严重的可减产20%以上。乙级多杀菌素生物活性更高，技术指标比菜喜更突出，显著较灭多威、拟除虫菊酯类杀虫剂好，可与新出现的杀虫剂如茚虫威、甲维盐等媲美，因而被广泛应用于绿色农产品生产。为评价该药剂对茭白二化螟的防治效果，受美国陶氏益农公司委托，于2018年进行了34%乙多·甲氧虫悬浮剂（斯品诺TM）防治茭白二化螟田间药效试验。现将试验结果报道如下。

2. 试验条件

（1）试验对象、作物和品种。

试验对象：二化螟。

试验作物：茭白，品种杭州茭（6月18日栽培）。

（2）环境条件。试验安排在青浦区练塘镇上海练塘叶绿茭白专业合作社茭白基地。供试茭白品种为双季茭大白茭，于2018年6月18日移栽，亩株数600株。施药时为3代二化螟卵孵化盛期，茭白苗期。试验于2018年8月16日喷药，每亩用水量100L，喷药时直接叶面喷雾。

3. 试验设计和安排

（1）药剂。

①试验药剂。试验药剂34%乙多·甲氧虫悬浮剂（5.7%乙基多杀菌素+28.3%甲氧虫酰肼；商品名斯品诺TM），美国陶氏益农公司提供。试验药剂共设3个处理，每亩用药量分别为：处理1：34%乙多·甲氧虫悬浮剂20g（制剂用量，下同）；处理2：34%乙多·甲氧虫悬浮剂30g；处理3：34%乙多·甲氧虫悬浮剂40g。

②对照药剂。对照药剂2%甲氨基阿维菌素苯甲酸盐微乳剂（吉盾）由河北威远生物化工有限公司生产。设定一个处理，每亩用药量为：处理4：2%甲氨基阿维菌素苯甲酸盐微乳剂50g/亩。

③空白对照。使用清水喷雾。

（2）小区安排。

①小区排列。试验药剂、对照药剂和空白对照每个处理重复3次，小区面积30m²，采用随机区组排列。

②小区面积和重复。各试验小区面积60m²，重复3次，合计小区总面积450m²。

（3）施药方法。

①施药器械和方法。采用卫士16型背负式喷雾器对茭白植株均匀喷雾，用水量1 500kg/hm²。

②施药时间和次数。施药时为病虫情报3代二化螟卵孵化盛期，茭白苗期。试验于2018年8月16日喷药1次，每亩用水量100L，喷药时直接叶面喷雾。试验期间不在施用其他任何农药。

③施药容量。各试验小区试验药剂名称、剂型、含量、亩用量、亩用水量见表7-5。

表7-5　各试验小区试验情况

编号	试验药剂名称	剂型	含量	亩用量	亩用水量
1	乙多·甲氧虫	悬浮剂	34%	20g	100L
2	乙多·甲氧虫	悬浮剂	34%	30g	100L
3	乙多·甲氧虫	悬浮剂	34%	40g	100L
4	甲氨基阿维菌素苯甲酸盐	微乳剂	2%	50g	100L
5	清水对照	—	—	—	100L

4. 试验调查

（1）药效调查。

①调查时间和次数。于当代二化螟为害定型后，一般药后7天调查1次。试验分别于8月27日和9月30日进行了两次调查（药后7天调查时未发现虫蛀株和幼虫）。

②调查方法。采用平行跳跃式取样，同时调查枯鞘数和活虫

数。枯鞘数调查方法：在田间调查，每小区调查 15 株茭白，观察茭白叶片。

活虫数调查方法：五点调查法取每小区 15 株茭白，调查有枯鞘的茭白内部活虫数。

③药效计算方法。根据清水对照和药剂处理区药后 7 天、20 天枯鞘数和存活虫数，按下列公式分别计算各处理区和对照区的枯鞘率、枯鞘防效和幼虫防治效果。

枯鞘率（%）= 枯鞘数/总鞘数×100

枯鞘防效（%）=（空白对照枯鞘率−药剂处理区枯鞘率）/空白对照枯鞘率×100

幼虫防效（%）=（空白对照幼虫数−药剂处理区幼虫数）/空白对照幼虫数×100

（2）其他调查项目。

①气象资料。当日及试验期间气象资料概要。

②对作物的影响。试验药剂和对照药剂施药后，对茭白株高、孕茭、膨大无任何影响。

③对产量和品质的影响。试验药剂和对照药剂对茭白产量和品质无感官上的影响。

④对其他生物的影响。试验药剂和对照药剂试验期间对其他生物无影响。

5. 结果与分析

表 7-6　34%乙多·甲氧虫悬浮剂（斯品诺）
防治茭白二化螟效果试验结果

试验处理	药后 45 天			
	平均虫口数（头）	平均枯鞘率（%）	枯鞘防效（%）	幼虫防效（%）
34%乙多·甲氧虫悬浮剂 20g/亩	1.33	0.62	36.57	20.16

（续表）

试验处理	药后 45 天			
	平均虫口数（头）	平均枯鞘率（%）	枯鞘防效（%）	幼虫防效（%）
34%乙多·甲氧虫悬浮剂 30g/亩	1.33	0.61	36.71	20.16
34%乙多·甲氧虫悬浮剂 40g/亩	1.00	0.61	37.06	40.12
2%甲维盐 50g/亩	1.33	0.65	32.71	20.16
空白对照	1.67	0.97	—	—

防治效果（表 7-6）显示，药后 7 天，由于各试验小区未发现虫蛀株和幼虫。药后 45 天，枯鞘防效上，4 个药剂处理防效基本持平，维持在 32%~37%，2%甲氨基阿维菌素苯甲酸盐微乳剂 50g/亩枯鞘防效最差，为 32.71%；34%乙多·甲氧虫悬浮剂 20g/亩、30g/亩、40g/亩的枯鞘防效均低于 40%，随着浓度的增高，枯鞘防效增高。幼虫防效方面，除 34%乙多·甲氧虫悬浮剂 40g/亩处理防效超 40%外，其余 3 个药剂处理均为 20.16%。

由于试验地块茭白 6 月 18 日移栽，试验时苗高 1.5m 左右，平均分蘖数 15 个，正处于苗期（分蘖期），茭白二化螟为害较轻。试验地块边有大白茭，正处于孕茭期，茭白二化螟为害较重，所以试验地块二化螟发生情况很轻微，实验数据差异不明显。

6. 评价和建议

通过对 34%乙多·甲氧虫悬浮剂 20g/亩、30g/亩、40g/亩和 2%甲氨基阿维菌素苯甲酸盐微乳剂 50g/亩四个处理的试验发现，两种药剂对茭白作物安全，无任何不良表现，对非靶标生物安全。其中 34%乙多·甲氧虫悬浮剂 40g/亩处理对茭白二化螟防效最佳。该药剂登记用量为 30g/亩，本试验中 34%乙多·甲氧虫悬浮剂 30g/亩的枯鞘和幼虫防效也达到 50%以上，说明该药剂对茭白二化螟具有很好的防效。由于茭白作物后期叶片数多，密度高，用水量大，建议使用剂量为 30~40g/亩。

四、34%乙多·甲氧虫悬浮剂（斯品诺）防治茭白二化螟效果试验（朱家角镇）

1. 试验目的

茭白生育期长，生长量大，病虫害发生比较严重。二化螟是为害茭白最严重的害虫，严重的可减产 20% 以上。乙级多杀菌素生物活性更高，技术指标比莱喜更突出，显著较灭多威、拟除虫菊酯类杀虫剂好，可与新出现的杀虫剂如茚虫威、甲维盐等媲美，因而被广泛应用于绿色农产品生产。为评价该药剂对茭白二化螟的防治效果，受美国陶氏益农公司委托，于 2018 年进行了 34% 乙多·甲氧虫悬浮剂（斯品诺 TM）防治茭白二化螟田间药效试验。现将试验结果报道如下。

2. 试验条件

（1）试验对象、作物和品种。

试验对象：二化螟。

试验作物：茭白，品种大白茭（4 月 12 日栽培）。

（2）环境条件。试验安排在青浦区朱家角镇安庄村上海世鑫蔬菜种植专业合作社茭白基地。供试茭白品种为双季茭大白茭，于 2018 年 4 月 12 日移栽，亩株数 600 株。施药时为 3 代二化螟卵孵化盛期，茭白孕茭膨大期。试验于 2018 年 8 月 21 日喷药，每亩用水量 100L，喷药时直接叶面喷雾。

3. 试验设计和安排

（1）药剂。

①试验药剂。试验药剂 34% 乙多·甲氧虫悬浮剂（5.7% 乙基多杀菌素+28.3% 甲氧虫酰肼；商品名斯品诺 TM），美国陶氏益农公司提供。试验药剂共设 3 个处理，每亩用药量分别为：处

理1：34%乙多·甲氧虫悬浮剂20g（制剂用量，下同）；处理2：34%乙多·甲氧虫悬浮剂30g；处理3：34%乙多·甲氧虫悬浮剂40g。

②对照药剂。对照药剂2%甲氨基阿维菌素苯甲酸盐微乳剂（吉盾）由河北威远生物化工有限公司生产。设定一个处理，每亩用药量为：处理4：2%甲氨基阿维菌素苯甲酸盐微乳剂50g/亩。

③空白对照。使用清水喷雾。

（2）小区安排。

①小区排列。试验药剂、对照药剂和空白对照每个处理重复3次，小区面积60m²，采用随机区组排列。

②小区面积和重复。各试验小区面积60m²，重复3次，合计小区总面积900m²。

（3）施药方法。

①施药器械和方法。采用丰田公司生产的FT-900型背负式喷雾机均匀喷雾，用水量100L/亩。

②施药时间和次数。施药时为3代二化螟卵孵化盛期，茭白孕茭膨大期。试验于2018年8月21日喷药1次，每亩用水量100L，喷药时直接叶面喷雾。试验期间不在施用其他任何农药。

③施药容量。各试验小区试验药剂名称、剂型、含量、亩用量、亩用水量见表7-7。

表7-7　各试验小区试验情况

编号	试验药剂名称	剂型	含量	亩用量	亩用水量
1	乙多·甲氧虫	悬浮剂	34%	20g	100L
2	乙多·甲氧虫	悬浮剂	34%	30g	100L
3	乙多·甲氧虫	悬浮剂	34%	40g	100L
4	甲氨基阿维菌素苯甲酸盐	微乳剂	2%	50g	100L

（续表）

编号	试验药剂名称	剂型	含量	亩用量	亩用水量
5	清水对照	—	—	—	100L

4. 试验调查

（1）药效调查。

①调查时间和次数。于当代二化螟为害定型后，一般药后 7 天调查 1 次，必要时 14 天或茭白第一次采收时再调查 1 次。试验分别于 8 月 27 日和 9 月 10 日进行了 2 次调查。

②调查方法。采用平行跳跃式取样，同时调查枯鞘数和活虫数。枯鞘数调查方法：在田间调查，每小区调查 15 株茭白，观察茭白叶片。

活虫数调查方法：五点调查法取每小区 15 株茭白，调查有枯鞘的茭白内部活虫数。

③药效计算方法。根据清水对照和药剂处理区药后 7 天、20 天枯鞘数和存活虫数，按下列公式分别计算各处理区和对照区的枯鞘率、枯鞘防效和幼虫防治效果。

枯鞘率（%）= 枯鞘数/总鞘数×100

枯鞘防效（%）=（空白对照枯鞘率-药剂处理区枯鞘率）/空白对照枯鞘率×100

幼虫防效（%）=（空白对照幼虫数-药剂处理区幼虫数）/空白对照幼虫数×100

（2）其他调查项目。

①气象资料。当日及试验期间气象资料概要。

②对作物的影响。试验药剂和对照药剂施药后，对茭白株高、孕茭、膨大无任何影响。

③对产量和品质的影响。试验药剂和对照药剂对茭白产量和品质无感官上的影响。

④对其他生物的影响。试验药剂和对照药剂试验期间对其他生物无影响。

5. 结果与分析

表7-8　34%乙多·甲氧虫悬浮剂（斯品诺）
防治茭白二化螟效果试验结果

试验处理	药后7天				药后20天			
	平均虫口数（头）	平均枯鞘率（%）	枯鞘防效（%）	幼虫防效（%）	平均虫口数（头）	平均枯鞘率（%）	枯鞘防效（%）	幼虫防效（%）
34%乙多·甲氧虫悬浮剂20g/亩	7.67	0.75	43.52	62.85	10.00	1.34	35.15	69.39
34%乙多·甲氧虫悬浮剂30g/亩	4.33	0.72	45.78	77.14	7.00	0.92	55.47	78.57
34%乙多·甲氧虫悬浮剂40g/亩	3.67	0.63	52.73	80.00	6.00	0.70	66.00	81.63
2%甲氨基阿维菌素苯甲酸盐50g/亩	8.33	0.59	55.27	59.99	12.67	1.19	42.37	61.23
空白对照	22.33	1.33	—	—	32.67	2.06	—	—

防治效果（表7-8）显示，药后7天，4个药剂处理枯鞘防效上以每亩用2%甲氨基阿维菌素苯甲酸盐微乳剂50g/亩的防效较为理想，枯鞘防效为55.27%，幼虫防效以34%乙多·甲氧虫悬浮剂40g/亩防效最佳，达到80%，对照药剂2%甲氨基阿维菌素苯甲酸盐微乳剂50g/亩的幼虫防效低于60%，为4种试验浓度中防效最差。34%乙多·甲氧虫悬浮剂40g/亩的处理枯鞘防效和幼虫防效优于30g/亩处理，更优于20 g/亩处理。药后20天，4个药剂处理中，枯鞘防效以34%乙多·甲氧虫悬浮剂40g/亩处理最优，防效达到66%，幼虫防效以34%乙多·甲氧虫悬浮剂40g/亩处理最优，达到81.63%，34%乙多·甲氧虫悬浮剂30g/亩枯鞘和幼虫防效优于2%甲氨基阿维菌素苯甲酸盐微乳剂50g/

亩处理，但34%乙多·甲氧虫悬浮剂30g/亩枯鞘防效低于2%甲氨基阿维菌素苯甲酸盐微乳剂50g/亩处理，幼虫防效优于对照药剂2%甲氨基阿维菌素苯甲酸盐微乳剂50g/亩处理。

综合药后7天和20天，各处理间枯鞘防效和幼虫防效，以34%乙多·甲氧虫悬浮剂40g/亩处理最优，34%乙多·甲氧虫悬浮剂30g/亩次之，34%乙多·甲氧虫悬浮剂20g/亩防效较差。

6. 评价和建议

通过对34%乙多·甲氧虫悬浮剂20g/亩、30g/亩、40g/亩和2%甲氨基阿维菌素苯甲酸盐微乳剂50g/亩四个处理的试验发现，两种药剂对菱白作物安全，无任何不良表现，对非靶标生物安全。其中34%乙多·甲氧虫悬浮剂40g/亩处理对菱白二化螟防效最佳。该药剂登记用量为30g/亩，本试验中34%乙多·甲氧虫悬浮剂30g/亩的枯鞘和幼虫防效也达到50%以上，说明该药剂对菱白二化螟具有很好的防效。由于菱白作物后期叶片数多，密度高，用水量大，建议使用剂量为30g~40g/亩。

五、40%氯虫·噻虫嗪水分散粒剂防治菱白二化螟效果试验

1. 试验目的

菱白生育期长，生长量大，病虫害发生比较严重。二化螟是为害菱白最严重的害虫，严重的可减产20%以上。氯虫·噻虫嗪是氯虫苯甲酰胺和噻虫嗪的复配剂、特别对鳞翅目害虫有极高的生物活性，具有生物源、无公害等特点，因而被广泛应用于绿色农产品生产。为评价该药剂对菱白二化螟的防治效果，受先正达南通作物保护有限公司委托，于2018年进行了40%氯虫·噻虫嗪水分散粒剂防治菱白二化螟田间药效试验。现将试验结果报道如下。

2. 试验条件

（1）试验对象、作物和品种。

试验对象：二化螟。

试验作物：茭白，品种杭州茭（6月18日栽培）。

（2）环境条件。试验安排在青浦区练塘镇上海练塘叶绿茭白专业合作社茭白基地。供试茭白品种为双季茭大白茭，于2018年6月18日移栽，亩株数600株。施药时为3代二化螟卵孵化盛期，茭白苗期。试验于2018年8月16日喷药，每亩用水量100L，喷药时直接叶面喷雾。

3. 试验设计和安排

（1）药剂。

①试验药剂。试验药剂40%氯虫·噻虫嗪水分散粒剂，先正达南通作物保护有限公司提供。试验药剂共设3个处理，每亩用药量分别为：处理1：40%氯虫·噻虫嗪水分散粒剂10g（制剂用量，下同）；处理2：40%氯虫·噻虫嗪水分散粒剂15g；处理3：40%氯虫·噻虫嗪水分散粒剂20g。

②对照药剂。对照药剂2%甲氨基阿维菌素苯甲酸盐微乳剂（吉盾）由河北威远生物化工有限公司生产。设定一个处理，每亩用药量为：处理4：2%甲氨基阿维菌素苯甲酸盐微乳剂50g/亩。

③空白对照。使用清水喷雾。

（2）小区安排。

①小区排列。试验药剂、对照药剂和空白对照每个处理重复3次，小区面积30m^2，采用随机区组排列。

②小区面积和重复。各试验小区面积60m^2，重复3次，合计小区总面积450m^2。

（3）施药方法。

①施药器械和方法。采用卫士16型背负式喷雾器对茭白植

株均匀喷雾，用水量 1 500 kg/hm²。

②施药时间和次数。施药时为病虫情报 3 代二化螟卵孵化盛期，茭白苗期。试验于 2018 年 8 月 16 日喷药 1 次，每亩用水量 100L，喷药时直接叶面喷雾。试验期间不在施用其他任何农药。

③施药容量。各试验小区试验药剂名称、剂型、含量、亩用量、亩用水量见表 7-9。

表 7-9　各试验小区试验情况

编号	试验药剂名称	剂型	含量	亩用量	亩用水量
1	40%氯虫·噻虫嗪	水分散粒剂	40%	10g	100L
2	40%氯虫·噻虫嗪	水分散粒剂	40%	15g	100L
3	40%氯虫·噻虫嗪	水分散粒剂	40%	20g	100L
4	甲氨基阿维菌素苯甲酸盐	微乳剂	2%	50g	100L
5	清水对照	—	—	—	100L

4. 试验调查

（1）药效调查。

①调查时间和次数。于当代二化螟为害定型后，一般药后 7 天调查 1 次。试验分别于 8 月 27 日和 9 月 30 日进行了两次调查（药后 7 天调查时未发现虫蛀株和幼虫）。

②调查方法。采用平行跳跃式取样，同时调查枯鞘数和活虫数。枯鞘数调查方法：在田间调查，每小区调查 15 株茭白，观察茭白叶片。

活虫数调查方法：五点调查法取每小区 15 株茭白，调查有枯鞘的茭白内部活虫数。

③药效计算方法。根据清水对照和药剂处理区药后 7 天、20 天枯鞘数和存活虫数，按下列公式分别计算各处理区和对照区的枯鞘率、枯鞘防效和幼虫防治效果。

枯鞘率（%）＝枯鞘数/总鞘数×100

枯鞘防效（%）＝（空白对照枯鞘率－药剂处理区枯鞘率）/空白对照枯鞘率×100

幼虫防效（%）＝（空白对照幼虫数－药剂处理区幼虫数）/空白对照幼虫数×100

（2）其他调查项目。

①气象资料。当日及试验期间气象资料概要。

②对作物的影响。试验药剂和对照药剂施药后，对茭白株高、孕茭、膨大无任何影响。

③对产量和品质的影响。试验药剂和对照药剂对茭白产量和品质无感官上的影响。

④对其他生物的影响。试验药剂和对照药剂试验期间对其他生物无影响。

5. 结果与分析

表7-10　40%氯虫·噻虫嗪水分散粒剂防治茭白二化螟效果试验结果

试验处理	药后45天			
	平均虫口数（头）	平均枯鞘率（%）	枯鞘防效（%）	幼虫防效（%）
40%氯虫·噻虫嗪WG10g/亩	1.67	0.53	45.23	0.20
40%氯虫·噻虫嗪WG15g/亩	1.67	0.63	35.11	0.20
40%氯虫·噻虫嗪WG20g/亩	1.33	0.58	40.44	20.16
2%甲维盐50g/亩	1.33	0.65	32.71	20.16
空白对照	1.67	0.97	—	—

防治效果（表7-10）显示，药后7天，由于各试验小区未发现虫蛀株和幼虫。药后45天，枯鞘防效上，4个药剂处理防效基本持平，维持在32%～45%，2%甲氨基阿维菌素苯甲酸盐

微乳剂 50g/亩枯鞘防效最差，为 32.71%；40%氯虫·噻虫嗪水分散粒剂 10g/亩、15g/亩、20g/亩的枯鞘防效分别为 45.23%、35.11%、40.44%。幼虫防效方面，40%氯虫·噻虫嗪水分散粒剂 20g/亩与 2%甲氨基阿维菌素苯甲酸盐 50g/亩处理防效均为 20.16%，其余 2 个药剂处理均为 0.20%。

由于试验地块茭白 6 月 18 日移栽，试验时苗高 1.5m 左右，平均分蘖数 15 个，正处于苗期（分蘖期），茭白二化螟为害较轻。试验地块边有大白茭，正处于孕茭期，茭白二化螟为害较重，所以试验地块二化螟发生情况很轻微，实验数据差异不明显。

6. 评价和建议

通过对 40%氯虫·噻虫嗪水分散粒剂 10g/亩、15g/亩、20g/亩和 2%甲氨基阿维菌素苯甲酸盐微乳剂 50g/亩四个处理的试验发现，两种药剂对茭白作物安全，无任何不良表现，对非靶标生物安全。其中 40%氯虫·噻虫嗪水分散粒剂 20g/亩处理对茭白二化螟防效最佳。本试验中 40%氯虫·噻虫嗪水分散粒剂 20g/亩的枯鞘防效也到 40%以上、幼虫防效达到 20%，说明该药剂对茭白二化螟具有很好的防效。由于茭白作物后期叶片数多，密度高，用水量大，建议使用剂量为 20g/亩。

六、40%氯虫·噻虫嗪水分散粒剂防治茭白二化螟效果试验（朱家角镇）

1. 试验目的

茭白生育期长，生长量大，病虫害发生比较严重。二化螟是为害茭白最严重的害虫，严重的可减产 20%以上。氯虫·噻虫嗪是氯虫苯甲酰胺和噻虫嗪的复配剂、特别对鳞翅目害虫有极高的生物活性，具有生物源、无公害等特点，因而被广泛应用于绿色农产品生产。为评价该药剂对茭白二化螟的防治效果，受先正达南通作物保护有限公司委托，于 2018 年进行了 40%氯虫·噻虫嗪水分散粒剂防治茭白二化螟田间药效试验。现将试验结果报道如下。

2. 试验条件

（1）试验对象、作物和品种。

试验对象：二化螟。

试验作物：茭白，品种大白茭（4月12日栽培）。

（2）环境条件。试验安排在青浦区朱家角镇安庄村上海世鑫蔬菜种植专业合作社茭白基地。供试茭白品种为双季茭大白茭，于2018年4月12日移栽，亩株数600株。施药时为3代二化螟卵孵化盛期，茭白孕茭膨大期。试验于2018年8月21日喷药，每亩用水量100L，喷药时直接叶面喷雾。

3. 试验设计和安排

（1）药剂。

①试验药剂。试验药剂40%氯虫·噻虫嗪水分散粒剂，由先正达南通作物保护有限公司提供。试验药剂共设3个处理，每亩用药量分别为：处理1：40%氯虫·噻虫嗪水分散粒剂10g（制剂用量，下同）；处理2：40%氯虫·噻虫嗪水分散粒剂15g；处理3：40%氯虫·噻虫嗪水分散粒剂20g。

②对照药剂。对照药剂2%甲氨基阿维菌素苯甲酸盐微乳剂（吉盾）由河北威远生物化工有限公司生产。设定一个处理，每亩用药量为：处理4：2%甲氨基阿维菌素苯甲酸盐微乳剂50g/亩。

③空白对照。使用清水喷雾。

（2）小区安排。

①小区排列。试验药剂、对照药剂和空白对照每个处理重复3次，小区面积60m²，采用随机区组排列。

②小区面积和重复。各试验小区面积60m²，重复3次，合计小区总面积900m²。

（3）施药方法。

①施药器械和方法。采用丰田公司生产的 FT-900 型背负式喷雾机均匀喷雾，用水量 100L/亩。

②施药时间和次数。施药时为 3 代二化螟卵孵化盛期，茭白孕茭膨大期。试验于 2018 年 8 月 21 日喷药 1 次，每亩用水量 100L，喷药时直接叶面喷雾。试验期间不再施用其他任何农药。

③施药容量。各试验小区试验药剂名称、剂型、含量、亩用量、亩用水量见表 7-11。

表 7-11　各试验小区试验情况

编号	试验药剂名称	剂型	含量	亩用量	亩用水量
1	40%氯虫·噻虫嗪	水分散粒剂	40%	10g	100L
2	40%氯虫·噻虫嗪	水分散粒剂	40%	15g	100L
3	40%氯虫·噻虫嗪	水分散粒剂	40%	20g	100L
4	甲氨基阿维菌素苯甲酸盐	微乳剂	2%	50g	100L
5	清水对照	—	—	—	100L

4. 试验调查

（1）药效调查。

①调查时间和次数。当代二化螟为害定型后，一般药后 7 天调查 1 次，必要时 14 天或茭白第 1 次采收时再调查 1 次。试验分别于 8 月 27 日和 9 月 10 日进行了 2 次调查。

②调查方法。采用平行跳跃式取样，同时调查枯鞘数和活虫数。枯鞘数调查方法：在田间调查，每小区调查 15 株茭白，观察茭白叶片。

活虫数调查方法：五点调查法取每小区 15 株茭白，调查有枯鞘的茭白内部活虫数。

③药效计算方法。根据清水对照和药剂处理区药后 7 天、20

天枯鞘数和存活虫数，按下列公式分别计算各处理区和对照区的枯鞘率、枯鞘防效和幼虫防治效果。

枯鞘率（％）＝枯鞘数/总鞘数×100

枯鞘防效（％）＝（空白对照枯鞘率－药剂处理区枯鞘率）/空白对照枯鞘率×100

幼虫防效（％）＝（空白对照幼虫数－药剂处理区幼虫数）/空白对照幼虫数×100

（2）其他调查项目。

①气象资料。当日及试验期间气象资料概要。

②对作物的影响。试验药剂和对照药剂施药后，对茭白株高、孕茭、膨大无任何影响。

③对产量和品质的影响。试验药剂和对照药剂对茭白产量和品质无感官上的影响。

④对其他生物的影响。试验药剂和对照药剂试验期间对其他生物无影响。

5. 结果与分析

表7-12　40%氯虫·噻虫嗪水分散粒剂防治茭白二化螟效果试验结果

试验处理	药后7天				药后20天			
	平均虫口数（头）	平均枯鞘率（％）	枯鞘防效（％）	幼虫防效（％）	平均虫口数（头）	平均枯鞘率（％）	枯鞘防效（％）	幼虫防效（％）
40%氯虫·噻虫嗪水分散粒剂10g/亩	7.67	0.63	52.65	62.85	7.00	0.99	52.13	78.57
40%氯虫·噻虫嗪水分散粒剂15g/亩	7.00	0.53	60.15	65.71	5.67	0.91	55.79	82.65
40%氯虫·噻虫嗪水分散粒剂20g/亩	4.00	0.37	71.98	71.98	5.67	0.85	58.98	82.65
2%甲氨基阿维菌素苯甲酸盐50g/亩	8.33	0.59	55.27	59.99	12.67	1.19	42.37	61.23

（续表）

试验处理	药后 7 天				药后 20 天			
	平均虫口数（头）	平均枯鞘率（%）	枯鞘防效（%）	幼虫防效（%）	平均虫口数（头）	平均枯鞘率（%）	枯鞘防效（%）	幼虫防效（%）
空白对照	22.33	1.33	—	—	32.67	2.06	—	—

防治效果（表7-12）显示，药后7天，4个药剂处理枯鞘防效上以每亩用40%氯虫·噻虫嗪水分散粒剂20g/亩的防效较为理想，枯鞘防效和幼虫防效均为71.98%，对照药剂2%甲氨基阿维菌素苯甲酸盐微乳剂50g/亩的幼虫防效低于60%，为4种试验浓度中防效最差。40%氯虫·噻虫嗪水分散粒剂20g/亩的处理枯鞘防效和幼虫防效优于15g/亩处理，更优于10g/亩处理。药后20天，4个药剂处理中，枯鞘防效以40%氯虫·噻虫嗪水分散粒剂20g/亩处理最优，防效达到58.98%，幼虫防效以40%氯虫·噻虫嗪水分散粒剂20g/亩处理最优，达到82.65%，40%氯虫·噻虫嗪水分散粒剂20g/亩枯鞘和幼虫防效优于2%甲氨基阿维菌素苯甲酸盐微乳剂50g/亩处理。

综合药后7天和20天，各处理间枯鞘防效和幼虫防效，以40%氯虫·噻虫嗪水分散粒剂20g/亩处理最优，40%氯虫·噻虫嗪水分散粒剂15g/亩次之，2%甲氨基阿维菌素苯甲酸盐50g/亩防效较差。

6. 评价和建议

通过对40%氯虫·噻虫嗪水分散粒剂10g/亩、15g/亩、20g/亩和2%甲氨基阿维菌素苯甲酸盐微乳剂50g/亩四个处理的试验发现，两种药剂对茭白作物安全，无任何不良表现，对非靶标生物安全。其中40%氯虫·噻虫嗪水分散粒剂20g/亩处理对茭白二化螟防效最佳。该药剂登记用量为30g/亩，本试验中40%氯虫·噻虫嗪水分散粒剂10g/亩、15g/亩的枯鞘和幼虫防效也达到50%以上，说明该药剂对茭白二化螟具有很好的防效。由于茭白作物后期叶片数多，密度高，用水量大，建议使用剂量为20g/亩。

七、32 000 IU/mg苏云金杆菌可湿性粉剂（无敌小子）防治茭白二化螟效果试验

1. 试验目的

茭白生育期长，生长量大，病虫害发生比较严重。二化螟是为害茭白最严重的害虫，严重的可减产20%以上。32 000IU/mg苏云金杆菌可湿性粉剂是包括许多变种的一类产晶体的芽孢杆菌，是一种广泛使用的生物药剂，具有生物源、无公害等特点，因而被广泛应用于绿色农产品生产。为评价该药剂对茭白二化螟的防治效果，受武汉科诺生物科技股份有限公司委托，于2018年进行了32 000IU/mg苏云金杆菌可湿性粉剂（无敌小子）防治茭白二化螟田间药效试验。现将试验结果报道如下。

2. 试验条件

（1）试验对象、作物和品种。

试验对象：二化螟。

试验作物：茭白，品种杭州茭（6月18日栽培）。

（2）环境条件。试验安排在青浦区练塘镇上海练塘叶绿茭白专业合作社茭白基地。供试茭白品种为双季茭大白茭，于2018年6月18日移栽，亩株数600株。施药时为3代二化螟卵孵化盛期，茭白苗期。试验于2018年8月16日喷药，每亩用水量100L，喷药时直接叶面喷雾。

3. 试验设计和安排

（1）药剂。

①试验药剂。试验药剂32 000 IU/mg苏云金杆菌可湿性粉剂，武汉科诺生物科技股份有限公司提供。试验药剂共设3个处

理，每亩用药量分别为：处理1：32 000IU/mg 苏云金杆菌可湿性粉剂 100g（制剂用量，下同）；处理2：32 000 IU/mg 苏云金杆菌可湿性粉剂 150g；处理3：32 000IU/mg 苏云金杆菌可湿性粉剂 200g。

②对照药剂。对照药剂 2% 甲氨基阿维菌素苯甲酸盐微乳剂（吉盾）由河北威远生物化工有限公司生产。设定一个处理，每亩用药量为：处理4：2% 甲氨基阿维菌素苯甲酸盐微乳剂 50g/亩。

③空白对照。使用清水喷雾。

（2）小区安排。

①小区排列。试验药剂、对照药剂和空白对照每个处理重复3 次，小区面积 30m²，采用随机区组排列。

②小区面积和重复。各试验小区面积 60m²，重复3 次，合计小区总面积 450m²。

（3）施药方法。

①施药器械和方法。采用卫士 16 型背负式喷雾器对茭白植株均匀喷雾，用水量 1 500kg/hm²。

②药时间和次数。施药时为病虫情报3 代二化螟卵孵化盛期，茭白苗期。试验于 2018 年8 月16 日喷药1 次，每亩用水量100L，喷药时直接叶面喷雾。试验期间不在施用其他任何农药。

③施药容量。各试验小区试验药剂名称、剂型、含量、亩用量、亩用水量见表 7-13。

表 7-13　各试验小区试验情况

编号	试验药剂名称	剂型	含量	亩用量	亩用水量
1	32 000IU/mg 苏云金杆菌	可湿性粉剂	32 000IU/mg	100g	100L
2	32 000IU/mg 苏云金杆菌	可湿性粉剂	32 000IU/mg	150g	100L
3	32 000IU/mg 苏云金杆菌	可湿性粉剂	32 000IU/mg	200g	100L

（续表）

编号	试验药剂名称	剂型	含量	亩用量	亩用水量
4	甲氨基阿维菌素苯甲酸盐	微乳剂	2%	50g	100L
5	清水对照	—	—	—	100L

4. 试验调查

（1）药效调查。

①调查时间和次数。于当代二化螟为害定型后，一般药后7天调查1次。试验分别于8月27日和9月30日进行了两次调查（药后7天调查时未发现虫蛀株和幼虫）。

②调查方法。采用平行跳跃式取样，同时调查枯鞘数和活虫数。枯鞘数调查方法：在田间调查，每小区调查15株茭白，观察茭白叶片。活虫数调查方法：五点调查法取每小区15株茭白，调查有枯鞘的茭白内部活虫数。

③药效计算方法。根据清水对照和药剂处理区药后7天、20天枯鞘数和存活虫数，按下列公式分别计算各处理区和对照区的枯鞘率、枯鞘防效和幼虫防治效果。

枯鞘率（%）＝枯鞘数/总鞘数×100

枯鞘防效（%）＝（空白对照枯鞘率–药剂处理区枯鞘率）/空白对照枯鞘率×100

幼虫防效（%）＝（空白对照幼虫数–药剂处理区幼虫数）/空白对照幼虫数×100

（2）其他调查项目。

①气象资料。当日及试验期间气象资料概要。

②对作物的影响。试验药剂和对照药剂施药后，对茭白株高、孕茭、膨大无任何影响。

③对产量和品质的影响。试验药剂和对照药剂对茭白产量和品质无感官上的影响。

④对其他生物的影响。试验药剂和对照药剂试验期间对其他生物无影响。

5. 结果与分析

表7-14　32 000IU/mg 苏云金杆菌可湿性粉剂（无敌小子）
防治茭白二化螟效果试验结果

试验处理	药后 45 天			
	平均虫口数（头）	平均枯鞘率（%）	枯鞘防效（%）	幼虫防效（%）
32 000IU/mg 苏云金杆菌 WP100g/亩	1.67	0.77	20.84	0.20
32 000IU/mg 苏云金杆菌 WP150g/亩	1.33	0.74	23.43	20.16
32 000IU/mg 苏云金杆菌 WP200g/亩	1.00	0.66	31.78	40.12
2%甲氨基阿维菌素苯甲酸盐 50g/亩	1.33	0.74	32.71	20.16
空白对照	1.67	0.97	—	—

防治效果（表7-14）显示，药后7天，由于各试验小区未发现虫蛀株和幼虫。药后45天，枯鞘防效上，4个药剂处理防效维持在20%~32%，2%甲氨基阿维菌素苯甲酸盐微乳剂50g/亩枯鞘防效最好，为32.71%；32 000IU/mg 苏云金杆菌 WP 100g/亩、150g/亩、200g/亩 的 枯 鞘 防 效 分 别 为 20.84%、23.43%、31.78%。幼虫防效方面，32 000IU/mg 苏云金杆菌 WP 200g/亩防效最好为40.12%，其余 2 个药剂处理均为 0.20%、20.16%。

由于试验地块茭白6月18日移栽，试验时苗高1.5m左右，平均分蘖数15个，正处于苗期（分蘖期），茭白二化螟为害较轻。试验地块边有大白茭，正处于孕茭期，茭白二化螟为害较重，所以试验地块二化螟发生情况很轻微，实验数据差异不明显。

6. 评价和建议

通过对 32 000IU/mg 苏云金杆菌 WP 100g/亩、150g/亩、200g/亩和 2%甲氨基阿维菌素苯甲酸盐微乳剂 50g/亩四个处理的试验发现，两种药剂对茭白作物安全，无任何不良表现，对非靶标生物安全。其中 32 000IU/mg 苏云金杆菌 WP 200g/亩处理对茭白二化螟防效最佳。本试验中 32 000IU/mg 苏云金杆菌 WP 200g/亩的枯鞘防效也到 30%以上、幼虫防效达到 40.12%，说明该药剂对茭白二化螟具有很好的防效。由于茭白作物后期叶片数多，密度高，用水量大，建议使用剂量为 150~200g/亩。

八、32 000IU/mg 苏云金杆菌可湿性粉剂（无敌小子）防治茭白二化螟效果试验（朱家角镇）

1. 试验目的

茭白生育期长，生长量大，病虫害发生比较严重。二化螟是为害茭白最严重的害虫，严重的可减产 20%以上。32 000IU/mg 苏云金杆菌可湿性粉剂是包括许多变种的一类产晶体的芽孢杆菌，是一种广泛使用的生物药剂，具有生物源、无公害等特点，因而被广泛应用于绿色农产品生产。为评价该药剂对茭白二化螟的防治效果，受武汉科诺生物科技股份有限公司委托，于 2018 年进行了 32 000IU/mg 苏云金杆菌可湿性粉剂（无敌小子）防治茭白二化螟田间药效试验。现将试验结果报道如下。

2. 试验条件

（1）试验对象、作物和品种。

试验对象：二化螟。

试验作物：茭白，品种大白茭（4 月 12 日栽培）。

（2）环境条件。试验安排在青浦区朱家角镇安庄村上海世鑫蔬菜种植专业合作社茭白基地。供试茭白品种为双季茭大白茭, 于 2018 年 4 月 12 日移栽, 亩株数 600 株。施药时为 3 代二化螟卵孵化盛期, 茭白孕茭膨大期。试验于 2018 年 8 月 21 日喷药, 每亩用水量 100L, 喷药时直接叶面喷雾。

3. 试验设计和安排

（1）药剂。

①试验药剂。试验药剂 32 000IU/mg 苏云金杆菌可湿性粉剂, 武汉科诺生物科技股份有限公司提供。试验药剂共设 3 个处理, 每亩用药量分别为: 处理 1: 32 000IU/mg 苏云金杆菌可湿性粉剂 100g（制剂用量, 下同）; 处理 2: 32 000IU/mg 苏云金杆菌可湿性粉剂 150g; 处理 3: 32 000IU/mg 苏云金杆菌可湿性粉剂 200g。

②对照药剂。对照药剂 2% 甲氨基阿维菌素苯甲酸盐微乳剂（吉盾）由河北威远生物化工有限公司生产。设定一个处理, 每亩用药量为: 处理 4: 2% 甲氨基阿维菌素苯甲酸盐微乳剂 50g/亩。

③空白对照。使用清水喷雾。

（2）小区安排。

①小区排列。试验药剂、对照药剂和空白对照每个处理重复 3 次, 小区面积 60m², 采用随机区组排列。

②小区面积和重复。各试验小区面积 60m², 重复 3 次, 合计小区总面积 900m²。

（3）施药方法。

①施药器械和方法。采用丰田公司生产的 FT-900 型背负式喷雾机均匀喷雾, 用水量 100L/亩。

②施药时间和次数。施药时为 3 代二化螟卵孵化盛期, 茭白孕茭膨大期。试验于 2018 年 8 月 21 日喷药 1 次, 每亩用水量 100L, 喷药时直接叶面喷雾。试验期间不在施用其他任何农药。

③施药容量。各试验小区试验药剂名称、剂型、含量、亩用

量、亩用水量见表7-15。

表7-15　各试验小区试验情况

编号	试验药剂名称	剂型	含量	亩用量	亩用水量
1	32 000IU/mg 苏云金杆菌	可湿性粉剂	32 000IU/mg	100g	100L
2	32 000IU/mg 苏云金杆菌	可湿性粉剂	32 000IU/mg	150g	100L
3	32 000IU/mg 苏云金杆菌	可湿性粉剂	32 000IU/mg	200g	100L
4	甲氨基阿维菌素苯甲酸盐	微乳剂	2%	50g	100L
5	清水对照	—	—	—	100L

4. 试验调查

（1）药效调查。

①调查时间和次数。于当代二化螟为害定型后，一般药后7天调查1次，必要时14天或茭白第1次采收时再调查1次。试验分别于8月27日和9月10日进行了两次调查。

②调查方法。采用平行跳跃式取样，同时调查枯鞘数和活虫数。枯鞘数调查方法：在田间调查，每小区调查15株茭白，观察茭白叶片。

活虫数调查方法：五点调查法取每小区15株茭白，调查有枯鞘的茭白内部活虫数。

③药效计算方法。根据清水对照和药剂处理区药后7天、20天枯鞘数和存活虫数，按下列公式分别计算各处理区和对照区的枯鞘率、枯鞘防效和幼虫防治效果。

枯鞘率（%）= 枯鞘数/总鞘数×100

枯鞘防效（%）=（空白对照枯鞘率-药剂处理区枯鞘率）/空白对照枯鞘率×100

幼虫防效（%）=（空白对照幼虫数-药剂处理区幼虫数）/空白对照幼虫数×100

（2）其他调查项目。

①气象资料。当日及试验期间气象资料概要。

②对作物的影响。试验药剂和对照药剂施药后，对茭白株高、孕茭、膨大无任何影响。

③对产量和品质的影响。试验药剂和对照药剂对茭白产量和品质无感官上的影响。

④对其他生物的影响。试验药剂和对照药剂试验期间对其他生物无影响。

5. 结果与分析

表7-16　32 000IU/mg苏云金杆菌可湿性粉剂（无敌小子）
防治茭白二化螟效果试验结果

试验处理	药后7天				药后20天			
	平均虫口数（头）	平均枯鞘率（%）	枯鞘防效（%）	幼虫防效（%）	平均虫口数（头）	平均枯鞘率（%）	枯鞘防效（%）	幼虫防效（%）
32 000IU/mg 苏云金杆菌可湿性粉剂100g/亩	11.33	0.96	27.62	47.14	16.33	1.40	32.01	50.01
32 000IU/mg 苏云金杆菌可湿性粉剂150g/亩	10.33	0.79	40.25	40.25	14.00	1.52	26.38	57.15
32 000IU/mg 苏云金杆菌可湿性粉剂200g/亩	9.33	0.71	46.32	46.32	12.33	1.34	35.01	62.25
2%甲氨基阿维菌素苯甲酸盐50g/亩	8.33	0.59	55.27	59.99	12.67	1.19	42.37	61.23
空白对照	22.33	1.33	—	—	32.67	2.06	—	—

防治效果（表7-16）显示，药后7天，4个药剂处理枯鞘防效上以每亩用对照药剂2%甲氨基阿维菌素苯甲酸盐微乳剂50g/亩的防效较为理想，枯鞘防效为55.27%、幼虫防效为

59.99%，32 000IU/mg 苏云金杆菌可湿性粉剂 200g/亩的处理枯鞘防效和幼虫防效优于 150g/亩、100g/亩处理。药后 20 天，4个药剂处理中，枯鞘防效以 2%甲氨基阿维菌素苯甲酸盐微乳剂 50g/亩处理最优，防效达到 42.37%，幼虫防效以 32 000IU/mg 苏云金杆菌可湿性粉剂 200g/亩处理最优，达到 62.25%，综合药后 7 天和 20 天，各处理间枯鞘防效和幼虫防效，2%甲氨基阿维菌素苯甲酸盐微乳剂 50g/亩最优，32 000IU/mg 苏云金杆菌可湿性粉剂 200g/亩次之，32 000IU/mg 苏云金杆菌可湿性粉剂 100g/亩防效较差。

6. 评价和建议

通过对 32 000IU/mg 苏云金杆菌可湿性粉剂 100g/亩、150g/亩、200g/亩和 2%甲氨基阿维菌素苯甲酸盐微乳剂 50g/亩四个处理的试验发现，两种药剂对茭白作物安全，无任何不良表现，对非靶标生物安全。其中 32 000IU/mg 苏云金杆菌可湿性粉剂 200g/亩处理对茭白二化螟防效最佳。本试验中 32 000IU/mg 苏云金杆菌可湿性粉剂 200g/亩枯鞘和幼虫防效平均值也达到 50%以上，说明该药剂对茭白二化螟具有很好的防效。由于茭白作物后期叶片数多，密度高，用水量大，建议使用剂量为 150~200g/亩。

第二节 茭白杀菌剂的药效试验

一、24%井冈霉素水剂（菌刀）防治茭白纹枯病效果试验

1. 试验目的

练塘茭白在种植过程中容易发生纹枯病，为害叶鞘和叶片。在青浦地区，茭白种植户防治茭白纹枯病使用的药剂通常为甲基硫菌灵、50%多菌灵可湿性粉剂、40% 瘟散可湿性粉剂等。由于

长期使用，茭白纹枯病对这几种常规药剂产生了一定的抗药性，防治效果不甚理想。井冈霉素内吸性很强，兼有保护和治疗作用，是防治作物纹枯病的特效药剂，毒性低、防效高、安全性好。根据上海市农业技术推广服务中心安排，于 2018 年进行了 24%井冈霉素 A 水剂（菌刀）对茭白纹枯病的防效试验，现将试验结果总结如下。

2. 试验条件

（1）试验对象、作物和品种。

试验对象：茭白纹枯病。

试验作物：茭白，品种大白茭（4 月 12 日栽培）。

（2）环境条件。试验安排在青浦区练塘镇上海练塘叶绿茭白专业合作社茭白基地。供试茭白品种为双季茭大白茭，于 2018 年 4 月 12 日移栽，亩株数 600 株。施药时为 3 代二化螟卵孵化盛期，茭白苗期。试验于 2018 年 8 月 23 日喷药，每亩用水量 100L，喷药时尽量朝叶鞘喷雾。

3. 试验设计和安排

（1）药剂。

①试验药剂。试验药剂 24%井冈霉素 A 水剂由武汉科诺生物科技股份有限公司生产提供。试验药剂共设 3 个处理，每亩用药量分别为：处理 1：24%井冈霉素 A 水剂 20ml（制剂用量，下同）；处理 2：24%井冈霉素 A 水剂 25ml；处理 3：24%井冈霉素 A 水剂 30ml。

②对照药剂（药剂名称、剂型、含量、生产企业，一般按照登记剂量设定一个剂量）。对照药剂 30%噻呋酰胺悬浮剂（捷萃）由上海悦联化工有限公司生产提供。设定一个处理，每亩用药量为：处理 4：30%噻呋酰胺悬浮剂（捷萃）20ml/亩。

③空白对照。使用清水喷雾。

（2）小区安排。

①小区排列。试验药剂、对照药剂和空白对照每个处理重复4次，小区面积20m²，采用随机区组排列。

②小区面积和重复。每个处理重复4次，小区面积20m²。小区间作小田埂，灌排分开，防止药剂相互干扰，日常管理操作按照茭白种植常规操作管理进行。

（3）施药方法。

①施药器械和方法。2018年9月13日，茭白处于分蘖盛期，进行药物喷洒处理，用卫士16型背负式喷雾器对茭白植株均匀喷雾，用水量1 500kg/hm²。

②施药时间和次数。2018年9月13日，喷药1次。

③施药容量。各试验小区试验药剂名称、剂型、含量、亩用量、亩用水量见表7-17。

表7-17　各试验小区试验情况

编号	试验药剂名称	剂型	含量	亩用量	亩用水量
1	井冈霉素	水剂	24%	20ml	100L
2	井冈霉素	水剂	24%	25ml	100L
3	井冈霉素	水剂	24%	30ml	100L
4	噻呋酰胺	微乳剂	30%	20ml	100L
5	清水对照	—	—	—	100L

4. 试验调查

（1）调查方法、时间及次数。

①调查方法。每小区对角线5点定点取样法，每点3穴，调查发病株数和病发级数，根据调查结果计算防治效果。

0级：全株（分蘖）无病。

1级：肉质茎薹管下第4叶鞘、叶片（包括以下叶鞘、叶片）发病。

3 级：肉质茎薹管下第 3 叶鞘、叶片发病。

5 级：肉质茎薹管下第 2 叶鞘、叶片发病。

7 级：肉质茎薹管下第 1 叶鞘、叶片发病。

9 级：肉质茎薹管以上叶鞘、叶片发病。

②调查时间和次数。空白对照发病稳定时一次性调查药效。

③药效计算方法。

病情指数=Σ（各级病叶数×相对级数值）／（调查总叶数×9）×100

防治效果（%）=（清水对照区药后病情指数−处理区药后病情指数）／清水对照区药后病情指数×100

（2）其他调查项目。

①气象资料。

②对作物的影响。

③对产量和品质的影响。

④对其他生物的影响。

5. 结果与分析

表 7-18　24%井冈霉素 A 水剂（菌刀）防治茭白纹枯病试验结果

试验处理	药后 17 天	
	病指	防效
24%井冈霉素 20ml/亩	1.44	56.64%
24%井冈霉素 25ml/亩	1.09	67.19%
24%井冈霉素 30ml/亩	0.87	73.97%
30%噻呋酰胺 20ml/亩	0.83	75.06%
清水对照	3.33	—

由表 7-18 可以看出，试验药剂 24%井冈霉素 A 水剂 20ml/

亩、25ml/亩、30ml/亩防治茭白纹枯病药后 17 天的防效分别为
56.64%、67.19%、73.97%，均低于对照药剂 30%噻呋酰胺悬
浮剂（捷萃）25ml/亩防治茭白纹枯病 17 天时的防治效
果 75.06%。

其中 24%井冈霉素 A 水剂 25ml/亩、30ml/亩防治茭白纹枯
病药后 17 天的防效达到 67.19%~73.97%，表明 24%井冈霉素
A 水剂对对茭白纹枯病具有很好的防效。同时，用药后观察，该
药剂对茭白安全。

6. 评价和建议

在青浦练塘地区，茭白种植户使用井冈霉素防治茭白纹枯病
已有 30 年的历史，试验表明 24%井冈霉素水剂是防治茭白纹枯
病的理想药剂，且对茭白和茭白田生物安全，可在茭白生产中推
广使用。由于茭白作物后期叶片数多，密度高，用水量大，建议
24%井冈霉素 A 水剂（菌刀）防治茭白纹枯病的使用剂量 25~
30ml/亩。

二、30%噻呋酰胺悬浮剂（捷萃）防治茭白纹枯病效果试验

1. 试验目的

练塘茭白在种植过程中容易发生纹枯病，为害叶鞘和叶片。
在青浦地区，茭白种植户防治茭白纹枯病使用的药剂通常为甲基
硫菌灵、50%多菌灵可湿性粉剂、40% 瘟散可湿性粉剂等。由于
长期使用，茭白纹枯病对这几种常规药剂产生了一定的抗药性，
防治效果不甚理想。噻呋酰胺作为一种新型杀菌剂，其毒性低、
防效高、安全性好，可防治多种植物病害。根据上海市农业技术
推广服务中心安排，于 2018 年进行了 30%噻呋酰胺悬浮剂（捷
萃）对茭白纹枯病的防效试验，现将试验结果总结如下。

2. 试验条件

（1）试验对象、作物和品种。

试验对象：茭白纹枯病。

试验作物：茭白，品种大白茭（4月12日栽培）。

（2）环境条件。试验安排在青浦区练塘镇上海练塘叶绿茭白专业合作社茭白基地。供试茭白品种为双季茭大白茭，于2018年4月12日移栽，亩株数600株。施药时为3代二化螟卵孵化盛期，茭白苗期。试验于2018年8月23日喷药，每亩用水量100L，喷药时尽量朝叶鞘喷雾。

3. 试验设计和安排

（1）药剂。

①试验药剂。试验药剂30%噻呋酰胺悬浮剂由上海悦联化工有限公司提供。试验药剂共设4个处理，每亩用药量分别为：处理1：30%噻呋酰胺悬浮剂15g（制剂用量，下同）；处理2：30%噻呋酰胺悬浮剂20g；处理3：30%噻呋酰胺悬浮剂25g。

②对照药剂。对照药剂24%井冈霉素A水剂由武汉科诺生物科技股份有限公司生产提供。设定一个处理，每亩用药量为：处理4：24%井冈霉素A水剂25ml/亩。

③空白对照。使用清水喷雾。

（2）小区安排。

①小区排列。试验药剂、对照药剂和空白对照每个处理重复4次，小区面积20m²，采用随机区组排列。

②小区面积和重复。每个处理重复4次，小区面积20m²。小区间作小田埂，灌排分开，防止药剂相互干扰，日常管理操作按照茭白种植常规操作管理进行。

（3）施药方法。

①施药器械和方法。2018年9月13日，茭白处于分蘖盛期，进行药物喷洒处理，用卫士16型背负式喷雾器对茭白植株

均匀喷雾，用水量 1 500kg/hm²。

②施药时间和次数。2018 年 9 月 13 日，喷药 1 次。

③施药容量。各试验小区试验药剂名称、剂型、含量、亩用量、亩用水量见表 7-19。

表 7-19　各试验小区试验情况

编号	试验药剂名称	剂型	含量	亩用量	亩用水量
1	噻呋酰胺	微乳剂	30%	15ml	100L
2	噻呋酰胺	微乳剂	30%	20ml	100L
3	噻呋酰胺	微乳剂	30%	25ml	100L
4	井冈霉素	水剂	24%	25ml	100L
5	清水对照	—	—	—	100L

4. 试验调查

（1）调查方法、时间及次数。

①调查方法。每小区对角线 5 点定点取样法，每点 3 穴，调查发病株数和病发级数，根据调查结果计算防治效果。

0 级：全株（分蘖）无病。

1 级：肉质茎薹管下第 4 叶鞘、叶片（包括以下叶鞘、叶片）发病。

3 级：肉质茎薹管下第 3 叶鞘、叶片发病。

5 级：肉质茎薹管下第 2 叶鞘、叶片发病。

7 级：肉质茎薹管下第 1 叶鞘、叶片发病。

9 级：肉质茎薹管以上叶鞘、叶片发病。

②调查时间和次数。空白对照发病稳定时一次性调查药效。

③药效计算方法。病情指数 =Σ（各级病叶数×相对级数值）／（调查总叶数×9）×100

防治效果（%）＝（清水对照区药后病情指数−处理区药后

病情指数）／清水对照区药后病情指数×100

（2）其他调查项目。

①气象资料。

②对作物的影响。

③对产量和品质的影响。

④对其他生物的影响。

5. 结果与分析

表7-20　30%噻呋酰胺悬浮剂（捷萃）防治茭白纹枯病试验结果

试验处理	药后 17 天	
	病指	防效
30%噻呋酰胺 15ml/亩	1.06	63.30%
30%噻呋酰胺 20ml/亩	0.83	71.16%
30%噻呋酰胺 25ml/亩	0.73	74.66%
24%井冈霉素 A25ml/亩	1.09	62.06%
清水对照	3.33	—

由表7-20可以看出，采用30%噻呋酰胺悬浮剂（捷萃）25ml/亩防治茭白纹枯病，17天时的防治效果为74.66%，优于30%噻呋酰胺悬浮剂（捷萃）20ml/亩的71.16%防治效果，优于30%噻呋酰胺悬浮剂（捷萃）15ml/亩的71.16%防治效果。对照药剂24%井冈霉素A25ml/亩的防效仅为62.06%，低于30%噻呋酰胺悬浮剂（捷萃）的三个药剂处理。结果表明，30%噻呋酰胺悬浮剂（捷萃）对茭白纹枯病具有很好的防效。同时，用药后观察，该药剂对茭白安全。

6. 评价和建议

在青浦练塘地区，茭白种植户防治茭白纹枯病的药剂通常为甲基硫菌灵、50%多菌灵可湿性粉剂等。由于长期使用，茭白纹枯病对这几种常规药剂产生了一定的抗药性，防治效果不甚理想。而试验表明30%噻呋酰胺悬浮剂（捷萃）是防治茭白纹枯病的理想药剂，且对茭白和茭白田生物安全，可在茭白生产中推广使用。由于茭白作物后期叶片数多，密度高，用水量大，建议30%噻呋酰胺悬浮剂（捷萃）防治茭白纹枯病的使用剂量20~25ml/亩。

第三节　绿色防控相关试验

一、茭白二化螟性诱剂试验

茭白二化螟是茭白上的主要害虫，对茭白产量的影响很大。为了保护生态环境，减少化学农药的使用量，提高二化螟的防治水平，茭白二化螟性诱剂的应用逐步成为近年发展起来的一种新型的绿色防控技术。为了解北京中捷四方茭白二化螟性诱剂诱蛾效果，以及使用过程中产品的持效期、适用性等问题，特安排本试验。

1. 试验材料与方法

（1）试验材料。

试验诱芯：北京中捷四方二化螟诱芯+配套诱捕器4套（北京中捷四方生物科技有限公司提供）。

对照诱芯：宁波纽康二化螟诱芯+配套诱捕器4套（上海市青浦区蔬菜技术推广站2018年政府采购）。

（2）试验地点、时间及材料。

①试验地点。上海市青浦区朱家角镇上海世鑫蔬菜种植专业合作社安庄茭白基地。试验区茭白连片种植，田面平整，排灌便利，土壤肥力较好，土壤，栽培和肥水管理水平基本一致，二化螟历年发生都中等偏重发生。

②试验时间。诱捕器自 2018 年 8 月 1 日安装，截至 9 月 30 日，共计 60 天时间。

（3）试验方法。

①试验安排。北京中捷四方和宁波纽康各 4 套二化螟诱捕器随机安插于茭白田（6 月 18 日移栽）内，相邻 2 各诱捕器相距 30m。

②试验调查。自 8 月 2 日开始，每天调查各诱捕器内的诱蛾数量。并在试验过程中详细记录天气状况。

③统计方法。试验期间将北京中捷四方和宁波纽康二化螟诱捕器诱蛾数量按时间段分别进行汇总，试验结束后进行总结并分析。

2. 结果与分析

对各诱捕器每 5 天汇总，计算单个诱捕器诱蛾数量及平均值。

二化螟性诱捕器具有较强的引诱二化螟雄蛾能力，北京中捷四方诱芯四个诱捕器诱虫量分别为 34 头、19 头、21 头、20 头、平均 24 头；宁波纽康诱芯的四个诱捕器诱虫量分别为 46 头、38 头、49 头、27 头、平均 40 头。宁波纽康诱芯比北京中捷四方诱芯诱虫量高 40%。

3. 讨论

北京中捷四方茭白二化螟性诱剂诱集二化螟数量明显少于宁波纽康二化螟性诱剂，可能与其性诱剂剂量有关系，北京中捷四方茭白二化螟性诱剂剂量少持效期只有一个月，第一个月两个诱捕器的诱虫数量较为接近，第二个月开始北京中捷四方茭白二化螟性诱剂诱虫数量明显低于宁波纽康二化螟性诱剂。

4. 结论

从现有结果看，北京中捷四方茭白二化螟性诱剂诱杀效果稍差，可能与诱芯中性诱剂的剂量少有关，持效期只有一个月。总体来说，前期诱虫效果还是可以的，安装后一个月需要更换性诱剂。

二、北京国强博源太阳能杀虫灯试验

利用害虫的趋光性，通过灯光进行物理诱杀是蔬菜病虫害绿色防控的主要技术之一。为了解北京国强博源智能太阳能杀虫灯的诱虫效果及使用过程中产品的可靠性、适用性等问题，特安排本试验。

1. 试验材料与方法

（1）试验材料。试验用杀虫灯为北京国强博源太阳能杀虫灯，数量一台（北京国强博源科技发展有限公司负责安装，2018 年 8 月 23 日安装到位，高度约为 1.7m），对照为上海盛谷光电太阳能杀虫灯，数量一台（基地自有，2018 年 6 月底安装，高度约为 1m）。

（2）试验安排。

①试验地点。上海世鑫蔬菜种植专业合作社（上海市青浦区）

②试验时间。2018 年 8 月 25 日至 9 月 24 日，共计 30 天时间。

（3）试验方法。

①灯的设置。试验用灯和对照灯按照厂家标准安装，灯间距 100m 左右，每台灯控害面积约为 25 亩。

②试验调查。自 8 月 25 日开始，每 5 天调查一次供试杀虫灯的诱虫情况及运行情况。主要记录以下内容。

在试验过程中的天气状况；每天记录试验灯和对照灯诱虫种类和数量；观察试验灯具的运转情况，有无故障。

③统计方法。试验期间将试验灯和对照灯诱虫种类和总数按时间段分别进行汇总，试验结束后进行总结并分析。

2. 结果与分析

（1）诱杀效果。试验结果表明，对于斜纹夜蛾，开灯 5 天，北京国强博源太阳能杀虫灯诱杀 49 头，上海盛谷太阳能杀虫灯诱杀 80 头；开灯 10 天，北京国强博源太阳能杀虫灯诱杀 59 头，上海盛谷太阳能杀虫灯诱杀 120 头；开灯 15 天，北京国强博源太阳能杀虫灯诱杀 84 头，上海盛谷太阳能杀虫灯诱杀 153 头；开灯 20 天，北京国强博源太阳能杀虫灯诱杀 98 头，上海盛谷太阳能杀虫灯诱杀 177 头；开灯 25 天，北京国强博源太阳能杀虫灯诱杀 106 头，上海盛谷太阳能杀虫灯诱杀 187 头；开灯 30 天，北京国强博源太阳能杀虫灯诱杀 121 头，上海盛谷太阳能杀虫灯诱杀 212 头。在一个月的时间里，北京国强博源太阳能杀虫灯诱杀斜纹夜蛾数量为上海盛谷太阳能杀虫灯的 0.57 倍。

对于甜菜夜蛾，开灯 5 天，北京国强博源太阳能杀虫灯诱杀 60 头，上海盛谷太阳能杀虫灯诱杀 800 头；开灯 10 天，北京国强博源太阳能杀虫灯诱杀 76 头，上海盛谷太阳能杀虫灯诱杀 895 头；开灯 15 天，北京国强博源太阳能杀虫灯诱杀 121 头，上海盛谷太阳能杀虫灯诱杀 980 头；开灯 20 天，北京国强博源太阳能杀虫灯诱杀 149 头，上海盛谷太阳能杀虫灯诱杀 1 029 头；开灯 25 天，北京国强博源太阳能杀虫灯诱杀 162 头，上海盛谷太阳能杀虫灯诱杀 1 049 头；开灯 30 天，北京国强博源太阳能杀虫灯诱杀 197 头，上海盛谷太阳能杀虫灯诱杀 1 094 头。试验期间：北京国强博源太阳能杀虫灯诱杀甜菜夜蛾数量为上海盛谷太阳能杀虫灯的 0.18 倍。

对于金龟子，北京国强博源太阳能杀虫灯共诱杀 13 头，上海盛谷太阳能杀虫灯共诱杀 2 头。北京国强博源太阳能杀虫灯诱集金龟子数量为上海盛谷太阳能杀虫灯的 6.5 倍。

对于其他害虫，主要为飞虱类小型害虫。开灯 5 天，北京国强博源太阳能杀虫灯诱杀 25 000 头，上海盛谷太阳能杀虫灯诱

杀1 500 头；开灯 10 天，北京国强博源太阳能杀虫灯诱杀
53 000 头，上海盛谷太阳能杀虫灯诱杀 13 500 头；开灯 15 天，
北京国强博源太阳能杀虫灯诱杀 76 000 头，上海盛谷太阳能杀
虫灯诱杀 21 500 头；开灯 20 天，北京国强博源太阳能杀虫灯诱
杀 91 000 头，上海盛谷太阳能杀虫灯诱杀 27 500 头；开灯 25
天，北京国强博源太阳能杀虫灯诱杀 19 000 头，上海盛谷太阳
能杀虫灯诱杀 33 000 头；开灯 30 天，北京国强博源太阳能杀虫
灯诱杀 133 000 头，上海盛谷太阳能杀虫灯诱杀 38 000 头。北京
国强博源太阳能杀虫灯诱杀其他害虫的数量为上海盛谷太阳能杀
虫灯的 3.5 倍（表 7-21、表 7-22）。

（2）产品的可靠性。试验过程中，北京国强博源太阳能杀
虫灯和上海盛谷太阳能杀虫灯都经历了高温、雨水等恶劣天气的
考验。两灯运行均表现正常，没有出现任何故障，说明两台杀虫
灯都具有较好的质量。

3. 讨论

北京国强博源太阳能杀虫灯诱杀夜蛾类害虫数量少于上海盛
谷光电太阳能杀虫灯，诱杀飞虱类害虫数量多于上海盛谷光电太
阳能杀虫灯，可能与其安装地点和悬挂高度有关系。

（1）北京国强博源太阳能杀虫灯安装在蔬菜基地边缘地带，
靠近水稻田，蛾类等害虫数量可能偏少，飞虱等水稻害虫数量较
多，盛谷太阳能杀虫灯安装位置在蔬菜基地中间，这是造成两台
灯诱集种类和数量差异的主要原因。

（2）北京国强博源太阳能杀虫灯悬挂高度约为 1.7m，上海
盛谷光电太阳能杀虫灯悬挂高度约为 1m。很多试验表明：由于
各种害虫飞翔能力有差异，灯的悬挂高对诱杀效果影响也很大，
这也是造成两台灯之间诱杀效果异同的因素之一。

4. 结论

从现有结果看北京中捷四方茭白二化螟性诱剂诱杀效果稍

差，可能与诱芯中性诱剂的剂量少有关，持效期只有一个月。

表 7-21　上海盛谷光电太阳能杀虫灯诱虫效果记录表

时间	诱虫数量（头）			
月·日	斜纹夜蛾	甜菜夜蛾	金龟子	其他
8. 26—8. 30	80	800	1	1 500
8. 31—9. 4	40	95		12 000
9. 5—9. 9	33	85		8 000
9. 10—9. 14	24	49		6 000
9. 15—9. 19	10	20		5 500
9. 20—9. 24	25	45	1	5 000
合计	212	1 094	2	38 000

表 7-22　北京国强博源太阳能杀虫灯诱虫效果记录表

时间	诱虫数量（头）			
月·日	斜纹夜蛾	甜菜夜蛾	金龟子	其他
8. 26—8. 30	49	60	4	25 000
8. 31—9. 4	10	16		28 000
9. 5—9. 9	25	45	6	23 000
9. 10—9. 14	14	28		15 000
9. 15—9. 19	8	13	1	18 000
9. 20—9. 24	15	35	2	24 000
合计	121	197	13	133 000

第八章 茭白病虫害专业化统防统治

第一节 上海蔬菜病虫害专业化
统防统治工作的思考

农作物病虫害专业化统防统治，是指具备相应植物保护专业技术和设备的服务组织，开展社会化、规模化、集约化农作物病虫害防治服务的行为。大力推进农作物病虫害专业化统防统治是实现病虫害由分散防治向集中防治转变的主要途径，是提高蔬菜病虫害防控能力的需要。因此，着眼于上海蔬菜生产实际，从蔬菜植保的需求出发，因地制宜地探索和尝试符合上海都市农业生产，且有生命力的病虫害专业化统防统治是必须思考的问题。

一、蔬菜病虫害专业化统防统治面临的困难

农作物病虫害专业化统防统治更适合单一作物，且农业有害生物种类简单的情况。而蔬菜生产恰恰相反，蔬菜生产依然以散户为主，组织化、规模化程度低。蔬菜种类繁多，茬口不一，周年生产，蔬菜病虫草害的发生十分复杂。即便同一茬口，由于生产管理水平的差异，田间病虫害发生的程度也千差万别，因此，在开展专业化统防统治时需要更为精细的分类对待，这大大增加了专业化统防统治组织开展工作的难度。在生产者意愿方面，似

乎菜农对待专业化统防统治的态度也不积极。调查显示，如果是有偿的统防统治，菜农普遍不愿意。这也是专业化统防统治不得不面临的难题。除此之外，专业化统防统治组织自身也有一些显而易见的问题，一是专业人才缺乏，主要是缺少植保相关的技术骨干，对机手的培训也是不到位的，没有专门的部门承担类似的工作。二是服务收入不足，专业化统防统治组织开展防病治虫的收费是组织主要的资金来源，单靠服务收入难以支撑组织的良性发展，只能勉强维持组织的生存，这也是专业化统防统治组织服务内容单一、服务期短、人员成本高等造成的。

二、探索的方向

从全国层面来讲，农作物病虫害专业化统防统治大势所趋，是实现植保三个转变的必然要求。持续推动农作物病虫害专业化统防统治"百千万行动"，继续抓好示范组织建设是农业部门的一贯要求。但是鉴于上海蔬菜生产的特殊性，可以从推动典型专业化统防统治组织和非典型专业化统防统治组织两方面开展工作。所谓典型组织就是《农作物病虫害专业化统防统治管理办法》定义和要求的统防统治，必须具备经工商或民政部门注册登记，取得法人资格；具有固定的经营服务场所和符合安全要求的物资储存条件等五个必备条件。这类典型组织在蔬菜上不多，像上海白狗植保专业合作社就是一例，对于这类组织要加大政策扶持，完善各项制度，认真总结经验，积极做好宣传。典型组织的另一类是农机专业合作社，这类组织目前发展很快，机械装备水平高，人员配备齐全，所要做的就是在农机服务内容中增加和延伸植保服务的内容，使为农民提供专业化统防统治成为农机专业合作社的重要组分。在非典型组织方面，主要发展蔬菜专业合作社内部的小型化的统防统治队伍，要加强植保机械配置，做好队伍建设和体制机制建设，做好机手培训等一系列工作，也这样能发挥出很好的效果。

三、主要做法

(一) 扶持规范化防治组织

按照"服务组织注册登记，服务人员持证上岗，服务方式合同承包，服务内容档案记录，服务质量全程监管"的要求，鼓励专业化防治组织发展。根据实际情况，重点扶持一批专业化统防统治组织，提升专业化防治水平。对运作规范、服务良好、效果显著的防治组织给予财政补助。

(二) 提供病虫害预警服务

以上海市农业有害生物监测与预警体系为依托，完善病虫测报软、硬件装备建设。坚持重大病虫害会商制度，及时掌控病虫发生动态，分析发生趋势，科学制定防治方案，提升病虫预测预报的准确性。要革新情报发布手段，注重利用网络、农村一点通等快捷方式，积极、及时地为专业化防治组织提供科学准确的病虫情报服务和防治技术支持。

(三) 做好农药 (械) 推荐和补贴

在坚持试验示范为基础，兼顾生产实际需要的原则下，按照重大病虫防治药剂推荐、补贴相关操作办法和流程，每年推荐一批高效、低毒、低残留农药品种，充分满足专业化防治对药剂的需求，切实落实重大病虫防治药剂财政专项补贴措施；开展蔬菜生产适用植保机械的筛选，与农机部门合作开展植保机械补贴，突出扶持重点，补贴资金要向示范区和专业化统防统治组织倾斜，优先满足专业化统防统治组织购机需求，提升专业化防治组织装备水平。

(四) 组织开展技术培训

市、区农业植保部门应对专业化防治组织队伍建设提供积极帮助，充分利用集中授课、现场讲解、农民田间学校等形式，组织开展有利于提升专业化防治组织技术人员水平的技术培训。重点培训蔬菜病虫识别、农药科学使用、安全防护以及植保机械的操作、保养和维护等知识，不断提高专业化统防统治组织的技术水平。

（五）推广先进实用防控技术

结合农作物病虫害绿色防控技术示范、推广，园艺作物标准园建设等项目，在专业化统防统治中优化并配套应用生物防治、生态控制、物理防治和安全用药等技术措施，建立综合防控示范区，大力推广先进实用植保技术，降低农药使用风险，提高防控效果，保障农业生产安全和农产品质量安全。

四、保障措施

（一）加强领导，抓落实

市级层面应成立专业化统防统治工作领导小组，相关区县也要成立病虫害专业化统防统治工作领导小组，主要领导亲自抓，实行分区指导、分片负责，抓好以示范区建设、重大病虫防治为主的专业化统防统治工作。及时制定本地专业化统防统治工作方案，实施绩效考核，加强督导检查，保证专业化统防统治目标任务的完成。

（二）强化示范，促交流

根据专业化统防统治工作进展情况，适时组织现场观摩和交流活动。各区县要抓好示范性专业化防治服务组织和示范区建设，抓住农作物病虫害防治的关键时期，开展病虫害专业化统防统治现场观摩活动，及时总结经验，推广先进的专业化统防统治发展模式。

（三）科学评估，扩宣传

积极开展专业化防控效果评估，按照相关测定方法和标准，做好专业化统防统治、菜农自防和不防治对照区产量对比，防效对比和投入产出比等数据的收集和分析。有针对性地开展先进专业化统防统治服务组织、示范区和先进个人的宣传，提高广大菜农对专业化统防统治的认识和参与的积极性。

第二节　茭白专业化统防统治组织典型总结

一、上海练塘叶绿茭白有限公司专业化统防统治服务组织

上海练塘叶绿茭白有限公司成立于1999年，原属青浦区练塘镇政府下属的职能部门，主要为全镇的茭白生产提供苗种、技术、销售服务。2017年经青浦区蔬菜技术推广站备案为专业化统防统治服务组织。主要为公司所属茭白合作社和全镇茭白大户提供茭白主要病虫防治和绿色防控技术服务。2018年至今，已累计服务20 000余亩次，占到全镇茭白年均面积的70%。

1. 引导标准化种植，采取统一社会化服务

上海练塘叶绿茭白有限公司作为全镇的茭白龙头企业，挑起了统防统治的大梁，引导标准化种植，在"耕种管防销"等关键环节上采取统一社会化服务，采用统一包装、统一品牌、统一销售等。专业化防治病虫害可减少农药使用量20%以上，提高作业效率10倍以上，提高防治效果5%以上。

2. 开展"两诱+一布+蜜源植物"绿色防控技术免费服务

对基地内的1 600亩核心基地开展太阳能杀虫灯、二化螟性诱剂、园艺地布、香根草等蜜源植物的免费安装和养护，提高服

务管理型企业+合作社承包的绿色防控服务模式。安装了杀虫灯60 余台、二化螟性诱剂 1 600 套、园艺地布 80 000 m²、蜜源植物 20 000 m²。

3. 用好用活"绿色认证"奖励资金，开展茭白农药统供

上海练塘叶绿茭白有限公司作为练塘茭白绿色认证主体单位，2018 年成功认证了 19 000 余亩绿色茭白。获得市区绿色认证奖励资金 750 余万元。公司为了解决茭白用药难和质量安全问题，联合上海市农业技术推广服务中心、上海市农药检定所、上海市青浦区蔬菜推广站、上海市青浦区练塘镇农业综合服务中心开展了 6 种农药 [40%氯虫噻虫嗪水分散粒剂（福戈）、32 000 IU/mg 苏云金杆菌可湿性粉剂（无敌小子）、25%吡蚜酮可湿性粉剂（穿扬）、25%噻虫嗪水分散粒剂（激增）、24%井冈霉素 A 水剂（菌刀）、30%噻呋酰胺悬浮剂（捷翠）] 的茭白登记，遴选 6 种农药 [40%氯虫噻虫嗪水分散粒剂（福戈）、32 000 IU/mg 苏云金杆菌可湿性粉剂（无敌小子）、25%吡蚜酮可湿性粉剂（穿扬）、25%噻虫嗪水分散粒剂（激增）、24%井冈霉素 A 水剂（菌刀）、2.3%甲氨基阿维菌素苯甲酸盐（吉盾）] 进入茭白生产补贴名录，对 6 种农药实行公司统一采购，根据病虫情报统一发放、集中施药。

4. 开展统防组织奖补措施

上海练塘叶绿茭白有限公司作为练塘镇茭白产业主要的管理单位，利用"绿色认证"奖励资金和财政补贴资金，对茭白统防组织实施防治服务实施奖补措施，按照要求集中统防统治的给予 15~30 元/亩的人工和机械费补贴，大大调动了本镇茭白统防组织的发展，有效防治了茭白病虫害，保证了茭白产业的良性发展。

二、上海世鑫蔬菜种植专业合作社专业化统防统治服务组织

上海世鑫蔬菜种植专业合作社建办于 2012 年 3 月,位于黄浦江上游水资源保护区范围的朱家角镇安庄村,毗邻在建的青西郊野公园,周边是黄浦江上游涵养林地和湿地,远离工业园区,无污染源,水净、土净、气净,是理想的无公害蔬菜生产地。合作社蔬菜建成为 700 亩的"上海市蔬菜标准园",其中钢制大棚覆盖面积 200 亩。合作社注册的"悦安鑫"商标在市场上有相当的知名度和影响力。合作社生产的番茄、芦笋等品种获农业部"绿色"食品认证,青菜、大白菜、黄瓜、茭白等品种正在"绿色"食品认证中。全年蔬菜销售 2 万余 t,销售额 4 600 余万元,年盈余 30 余万元。合作社为自产自销型合作社。2017 年经青浦区蔬菜技术推广站备案成为专业化统防统治组织,2018 年对外服务茭白面积 800 亩,2018 年被评为上海市农作物病虫害防治优秀专业化防治服务组织。

1. 探索专业化统防统治与绿色防控融合发展

蔬菜种植中以前都采用的是背负式喷雾器,工作效率低、防治效果不理想。近几年,结合合作社种植模式,利用农机购置补贴、与蔬菜站科技项目合作等方式,增添了日本丸山自走式动力喷雾机 1 台、移动担架式喷雾机 1 台、热烟雾机 2 台等,基本建立专业化统防模式。实现了小青菜、茭白的专业化统防统治,获得 2018 年上海市农作物病虫害防治优秀专业化防治服务组织。专业化统防统治和绿色防控技术的实施,提高生产种植效率,减少劳动成本支出。

2. 制度健全,规范化服务管理

一是人员管理制度,为每位防治队员建立档案,记录基本信息,服务记录,以便管理。防治队员要服从社领导统一调配,及

时开展服务。二是服务合同管理制度，专业化统防统治服务组织
与服务对象必须遵照自愿互利原则，与服务对象签订服务合同，
规范双方行为，保障双方合法权益，按照协议开展防治服务。三
是田间作业制度，实行统一组织，统一药械，统一药剂，同一时
间，统一标准和分户作业的方式服务。四是档案记录制度，建立
农资专放库并做好进出库记录和服务用药记录，设专人负责
保管。

技术规程的制定在开展具体病虫害专业化防控服务的同时，
还初步完成了蔬菜病虫害专业化防控整体实施方案、部分具体作
物病虫害专业化防控全程绿色防控技术规程、具体单项作业操作
规程 3 个层面的方案和规程制定工作。

3. 灵活收费模式，保障组织运行

收费模式的探索分别进行了全额收费、部分收费、以药代
费、项目采购等收费模式的探索工作。具体操作为全额收费和部
分收费。全额收费模式是指按相应服务收费标准收取服务全部费
用的模式。该模式技术水平要求最高，能实现专业化服务的正常
市场化运作，目前已在上海春炯茭白专业合作社基地进行，收费
标准 180~200 元/（亩·茬），实行药、械、人统一服务。部分
收费模式是指按一定比例收取部分服务费用的模式。

4. 定期组织技术培训

开展以课件讲授、视频学习、田间指导等形式的专家讲授、
员工相互学习培训等活动，提高技术人员的防控技术水平。

第三节　茭白专业化统防统治组织系列制度

专业化统防统治组织必须有一系列的符合自身实际和发展的
规范性制度，其中包括人员管理制度、服务合同制度、农资管理
制度、田间作业制度等。这些制度是专业化统防统治组织开展服

务的基础，也是组织规范运作的基础。以下是一些制度的样本参考。

一、服务合同管理制度

专业化统防统治服务组织与服务对象必须遵照自愿互利原则，与服务对象签订服务合同，规范双方行为，保障双方合法权益，按照协议开展防治服务。

服务合同的订立，必须遵循《中华人民共和国合同法》及相关法律法规，合同双方当事人应本着"自愿、平等、互利、有偿和诚实信用"的原则。合同已经生效，应严格履行合同。

服务合同的订立、变更和解除一律采用书面形式

订立技术合同，应明确下列主要条款。

（1）项目名称。

（2）合同主体：一方必须是本专业化统防统治组织。

（3）服务内容、范围和要求。

（4）履行合同的计划、进度、期限、地点和方式。

（5）双方当事人的权利和义务。

（6）承担风险责任的界定。

（7）服务验收的技术标准、方式。

（8）服务费或报酬的价款、支付方式和时间。

（9）违约金或损失赔偿的计算方法。

（10）争议的解决办法、方式。

（11）名词和术语等的界定、解释。

（12）合同的有效期。

二、人员管理制度

专业化统防统治服务组织的防治队伍人员必须遵守本组织的各项管理制度，服从管理、服从任务分配。要有工作责任感，树

立良好的职业道德，热情服务，努力提高服务质量。

对符合要求的集体和个人本着"入社自愿，退社自由"的原则，可申请加入本组织，经理事会讨论通过可正式成为本合作社统防统治组织成员。

服务组织每位防治队员建立档案，记录队员基本信息，服务记录等，以方便管理。防治队员要服从社领导统一调配，及时开展服务，要做到通讯畅通便于相互联系。

专业队员应接受防治技术、药械维修保养技术等系统业务培训，培训合格后上岗服务。防治队员参加本社组织的各种技能，技术的学习和培训，不得随意或无故缺席，有事要提前请假。

防治队员在对农户进行有偿服务要征求农民的意见；坚决杜绝乱收费和服务敷衍了事的行为。

为严明纪律，奖罚分明，调动员工工作积极性，提高工作效率和经济效率，年终合作社进行考核评比，实行奖罚制度。

三、农资出入库档案记录管理制度

1. 责任到人

建立农资专放库并做好进出库记录，同时设立专人负责保管。

2. 严把好采购关

严禁购假药、错药，技术专员应当采购合法农资产品，核定供货单位的资质、质量保证能力，质理信誉和产品三证，并与供货单位签订采购合同，保留采购收据。

3. 把好入库关

禁进证号不全，日期不明，说明不全，厂址不清的农资进库。入库时必须做好每次进货数量、品种、生产厂家等相关资料的记录。

4. 出库原则

出库农资应当遵循先产先出和按批号出库的原则出库时，应当进行检查、核对、建立出库记录。包括品种、数量、进货来源、何人何时领取、用途等详细内容，确保去处有据可查。有下列情况之一的，不得出库，一是标识标签模糊不清或者脱落无法辩明的。二是超出有效期限的。三是包装严重破损，封口不牢，封条严重损坏的。四是其他不符合规范的。

5. 领取农资者

必须在领条或相关领取记录处签字并注明领取日期。

6. 盘点

1月盘点1次，并对不能出库的农资进行处理登记。

四、植保机械管理制度

植保机械实行分组使用，统一维修、保养、核算和保管制度，统防统治组织内部有专人负责，各组组长负责操作、使用、管理。

做好植保机的维修保养，确保主要技术装备处于良好状态，随时可以使用。

每次喷药结束，及时清洗、擦干、统一放置在规定仓库内。

在使用植保机械中，要注意安全喷药，安全用机，安全生产。

加强考核，在年终对于使用植保机械费用省、效果好、管理佳的组长给予一定的奖励。

五、防治队田间作业制度

实行统一组织，统药械，统药剂，统时间，统一标准的作业服务方式。

选用高效低毒环保型农药，配药时要按照规程，规范操作。应远离饮用水源、居民点，严禁用手拌药或拌种、配药。

施药前应仔细检查药械有无渗漏，喷药过程中如发生堵塞时应先用清水冲洗后再排除故障，严禁用嘴吹吸喷头和滤网，用药结束后，要及时将喷雾器洗干净，连同剩余药剂一起交回仓库。

施药时要穿防护服，戴好口罩和手套，施药期间不得饮酒吸烟、吃东西，施药人员每天工作时间不超过 6h；施药完毕后需要洗澡，并清洗工作服。

防治队员在防治过程中掌握正确的喷药方法，做到不漏喷、不重喷，确保高质量、低投入完成重大病虫防治工作保障农产品安全，促进农民增收。

防治队员服务后对防治面积，用药种类及数量，收费金额等进行登记，由农户签字确认，并虚心听取农户意见和要求，不断提高服务质量。

防治队员必须按章作业，否则，造成的事故或损失由自己承担。

六、承包服务合同（或协议）（样本）

蔬菜病虫害专业化统防统治承包服务合同（或协议）

甲方：专业化统防统治组织

乙方：服务对象

为践行"科学植保、公共植保、绿色植保"理念和"预防为主，综合防治"的植保方针，安全高效防控蔬菜病虫草害，降低农药使用量，减少产品农残风险，减轻农业生态环境污染，确保蔬菜产品质量。经甲、乙双方充分协商，特签订　　年度蔬菜病虫害专业化统防统治承包服务合同。

一、乙方以有偿服务形式将以下蔬菜病虫草害防治工作交由甲方承包，面积和防治服务费用如下：

田块：

种植品种：

实际面积：　　（亩）

收费标准：按照每亩每次　　元收取相关费用，先防后收。

二、服务内容及形式

1. 甲方对本合同规定的田块，从苗期到收获完毕前所发生的病虫害进行科学防治。

2. 甲方保证虫害防效控制在 90% 以上，病害防效控制在 80% 以上，并严格控制安全间隔期，确保蔬菜合格率 100%。

三、纠纷处理

双方一旦在此过程中产生纠纷，应友好协商。协商不成的，可以提起第三方仲裁。

四、合同有效期

自合同签订至　　　年　月　日。

五、本协议一式两份，双方各持一份。

签订时间：

六、服务组织田间作业记录表（样本）

田间作业记录应一户一册，详细记载服务组织开展的每一次服务的具体内容，并做到记录真实，妥善保管。

专业化统防统治服务组织田间作业记录表

农户姓名：

序号	地块	作物名称	施药时间	防治对象	药剂名称	含量	剂型	亩用量	施药器械	防治面积	技术负责人	农户签名
1												
2												
3												

（续表）

序号	地块	作物名称	施药时间	防治对象	药剂名称	含量	剂型	亩用量	施药器械	防治面积	技术负责人	农户签名
4												
……												

第九章 茭白的产后处理

第一节 茭白的初深加工技术

一、茭白贮藏技术方法

1. 简易贮藏法

（1）清水贮藏。选择不老不嫩的茭白，带二三张壳，茭体要坚实粗壮，肉质要洁白，去鞘后置于大水缸或水池中，放满清水后压上石块，以后经常换水，保持水的清洁。用这种方法短期贮藏茭白，质量新鲜，外观和肉质均佳。

（2）明矾水贮藏。将经过挑选的质量好的茭白削去外壳（也可不削去外壳），分层铺在缸内或池中，直至距容器口 15~20cm 处，然后用经消毒的竹片，呈"井"字形铺于茭白上，再压以石块，倒入浓度为 1%~1.2% 的明矾水，水高于茭白 10~15cm。3~4 天检查 1 次，及时清除水面泡沫。若泡沫过多，水色发黄，应重新换明矾水。另一种是带壳贮藏，要求与水藏相同。堆放方法和用水量与上述相似。管理上，要求 3~4 天检查 1 次，发现水面有泡沫要及时清除，若泡沫过多，水色发黄，要及时换水，以防茭白腐烂。

（3）盐封贮藏。先在容器（缸、桶、池等）底部铺上一层

5cm 左右厚的食盐，将经挑选后去鞘、带二三张壳的茭白，平铺在容器内，堆至距容器口 5~10cm，用盐密封好。此法适于空气干燥、气温较低的地区。

（4）地下室摊藏法。用于茭白采收旺季时临时使用，将带壳茭白摊放在地下室，保持适宜通风。

（5）窖藏。选不老不嫩的晚熟茭白，带二三张壳，鞘削短，摊放在窖内菜架上，保持窖温 0~8℃，可贮 2 个多月。

2. 机械冷藏

将带二三张壳的茭白装筐入库，骑马式堆放。或扎成小捆，每捆 5~7kg，堆放在菜架上。库内温度保持在 0~1℃，可贮藏较长时间。另一种是将茭白剥光壳后，装入塑料箱或板条箱内，每箱 15kg 左右，堆放在库内，其他条件同前法。贮藏的茭白以晚熟品种为宜。选择肉质洁白、细嫩、坚实、粗壮、不过老或过嫩的壳茭，一般可安全贮藏两个月之久。

3. MAP 贮藏

（1）塑料袋密封贮藏。将去壳后的茭白肉，用 0.04mm 厚的聚乙烯塑料袋密封包装，在 0~1℃ 温度条件下可贮藏 2 个多月。

（2）大帐气调法。于冷库中先铺上塑料薄膜，其上码垛带壳茭白，用塑料大帐罩住后密封，利用茭白的呼吸作用自然降氧，氧浓度控制在 5% 左右，二氧化碳控制在 15% 左右，冷库温度为 2℃。

二、茭白的初深加工

（一）微加工（净菜）茭白

挑选健壮、无损伤的茭白，去壳后，用流动水清洗 1 次、无菌水清洗 2 次，然后浸于保鲜液中 1min（使用浙江省农业科学院食品科学研究所研制的茭白专用保鲜剂或其他专用保鲜剂，将其倒入干净的池水中，配制成 1‰的均匀溶液，即为保鲜液），捞出后晾干。然后装入净菜茭白专用保鲜袋，每袋 3 根，放入保鲜库中保存，销售过程中保持低温冷链。保鲜期达 1 个月以上。

（二）晒茭白干

选择老嫩适度的茭白，去壳后清洗干净。根据需要切成丝、片或自定形状。将切分好的茭白放入开水中煮 2~5min 不等（烫透为度），热烫完毕后迅速放入冷水中冷却。将冷却后的茭白放入尼龙丝袋中用离心机进行离心脱水，脱水完毕后，分摊于烘盘中干燥。

可采用自然晒干，也可在烘房中进行烘制。烘房温度先控制在 75℃左右，维持 4~6h，而后逐渐降至 55~60℃，直至烘干为止。干燥期间注意通风排湿，并且须倒盘数次，以利均匀干燥。将干燥后的脱水茭白适当回软后，装于塑料袋中密封防潮。食用时用温水泡 2h 即可。

（三）脱水茭白

选用新鲜茭白肉，切成细丝或薄片，经沸水（加少量食盐）煮 2~5min 后捞出，沥水晾干后再在太阳下晒干或经烘箱烘干，企业化生产则用隧道式脱水设备烘干。此外，也可将新鲜茭白肉整条用盐沸水煮 5~8min，晾干并撕成条后继续在太阳下晾晒。晒干后的成品应立即装入聚乙烯薄膜袋中密封防潮。食用时用温水浸泡 1~2h 后烹调。

（四）盐渍茭白

选择鲜嫩茭白，去壳后，削去老头、青皮、嫩尖，入缸（池）盐渍。初腌时每 100kg 茭白加食盐 5~7kg，腌 24h 后翻缸（池），再加食盐 18~20kg，分层铺撒，压紧，顶面再盖一层盐，并用石块压紧。数日后，卤水可淹没茭白，在盐渍期间应注意遮光，并检查卤水是否将茭白浸没。如卤水不足，可另配盐水补足。因盐渍茭白盐度过高，食用时必须先浸泡数日漂洗脱盐，再行烹调。此前我国茭白出口就用此方法。

（五）盐渍半成品加工

选择色白、无虫蛀、无黑心且老嫩适度（七八成熟）的茭白，将鲜茭白去壳、洗净、分切或整支，每100kg用盐10kg，另加10%盐水50kg，面上加以一定重压。经3~7天（因湿度而异，中间适当倒池），茭白已软化且食盐已基本渗入茭白内部后，将盐渍后的茭白弃液沥干，再按每100kg用盐15kg后密封加压，经15~30天半成品茭白即成，真空包装封口后即可出售。开袋脱盐后即可用做菜肴的主料或配料。

（六）休闲蜜饯型茭白加工

将盐渍茭白整条或分切，漂去盐分和杂质，以基本脱尽为目标。采用离心或压榨方法脱去60%左右的水分。采用糖渍、酱渍等方式制成不同形状和不同口味的产品，静置10min使调味料充分渗透入味。采用自然干燥或烘房干燥方式进行干燥。一般在60~70℃条件下烘至含水量为18%~20%即可。烘烤过程中隔一定时间要通风排湿，并适当进行倒盘，使干燥均匀。经回软后包装即成，回软期通常需24h左右。

（七）软包装即食茭白加工

将盐渍半成品茭白根据需要切成不同的形状进行脱盐，脱盐量可根据需要灵活掌握，但对初学者来说以脱尽为宜。脱盐后的茭白需要脱去一定的水量才有利于调味，一般情况下，脱去的水量应掌握在30%左右为宜，过多或过少均会对调味效果和口感产生不良影响。根据需要，可采用固态或液态方式调味，味型可选择鲜辣、甜酸、咖喱等味型以及适合不同地区消费的特定味型。即食茭白的包装可选用透明或不透明材料，但应以质感良好、封口性佳、阻隔性好为标准。物料充填后采用真空封口，需要协调好真空度、热封温度、热封时间的关系，原则是必须保证有良好的真空度和封口牢度。采用高压或常压、蒸汽或水浴方式杀菌。杀菌完成后的包装产品应尽快冷却，待干燥、检验后即为成品。

（八）速冻茭白

选用符合加工规格的新鲜茭白，茭肉洁白、质地致密、柔嫩的品种，无病虫害，剔除灰茭、青茭等。剥壳（用小刀轻轻划破茭壳，注意不要划伤茭肉）后，立即放入盛有清水的容器内，注意避光、避风以免发青。

然后进行分等级整理。茭肉根据需要可加工成整支或丁、丝、片等规格。将盛装在清水中剥好的茭肉取出，切去根部不可食用部分，修削略带青皮的茭肉，剔除不符合加工要求的茭肉，整支规格可按长度分成大、中、小 3 个级别，即 18~22cm、14~18cm、12~14cm。茭白丁一般为 1cm×1cm×1cm，加工过程中尽可能不脱水。

将分等级整理好的茭肉进行热烫杀青。根据茭肉不同规格大小决定热烫时间。一般整支的茭肉放入沸水中热烫 5~8min，茭肉丁为 2~3min，使茭肉中过氧化物酶失活即可。然后，将热烫后的茭肉迅速放入 3~5℃清水中冷却，使茭白中心温度降至12℃以下，用振动沥水机沥去表面水分。整支茭肉沥水要求不高，可置漏水的容器中自然沥水。

将上述经热烫杀青后的茭肉进行速冻、包装。经冷却后的茭肉采用流态化速冻装置或螺旋式速冻装置，达到单体快速冻结，保持新鲜茭肉的风味。根据茭肉的规格决定冻结所需要的时间，使产品中心温度达到-18℃以下。称重后一般用聚乙烯塑料袋包装。常用的包装规格为 5 000g×20 包/箱。放入瓦楞纸箱，包装间温度要求 12℃以下，以免产品回温，影响质量。

经速冻包装好的产品，迅速放入储藏冷库。冷藏库温度要求保持在-24~-18℃。

（九）保鲜出口茭白

应采用茭肉洁白、质地致密的茭白。保鲜出口茭白应剥去外叶和叶鞘，仅在顶端保留 1~2 张心叶，并剔除灰茭、畸形茭和虫咬、伤残茭白，再用刀去根、去薹管，基部削平。茭肉长度、粗度和单茭重因品种不同而异。一般长度为 30~40cm（可食部分 20~35cm），粗 2~4cm，单茭重 50~100g。保鲜茭白用聚乙烯薄膜袋、纸箱包装，每袋 500g（或 1 000g），每箱 20 袋（或 10 袋），计 10kg/箱。纸箱尺寸：长 73cm，宽 37cm，高 20cm。该产品可空运，采用冷藏集装箱运输的应先做预冷处理，冷藏箱温度 0~2℃，每集装箱可装 420 箱左右。

（十）茭白脯

按茭白 50kg、蔗糖 35kg、食盐 4kg、食用胭脂红色素适量的比例进行配料。选择肉质洁白柔嫩，无腐烂、无损伤的新鲜茭白为原料。剥去外皮，用清水冲洗干净，然后斜切成 3~5mm 厚的薄片。将茭白片放入缸中，然后按一层茭白铺一层盐层层码放，腌渍 10~14h。将盐渍后的茭白片放在清水中漂洗，除去咸味，然后沥干水分，晾晒 1 天。将胭脂红色素用适量水溶解后，倒入茭白片浸泡使之着色。然后进行糖煮，先配制 65% 蔗糖溶液，加热至沸，然后倒入茭白煮制 2h，期间不断翻动，煮至糖液温度达 120℃，手感坚硬时捞出。将茭白片沥干糖液后，均匀地拌上糖粉，待晒干后即可进行包装。

（十一）清渍茭白罐头

挑选新鲜柔嫩、肉质洁白、成熟度适中的茭白，清洗后用刀切去根基部粗老部分，再用刨刀刨去外皮。用蔬菜切割机先切成长 10cm 的段，再切成约 1cm 的正方条。切条经漂洗后，放入沸水中热烫 2~3min，立即冷却。去除断裂、破损者，整理后装罐。

把合格的茭白条整齐地竖立在玻璃罐内，装罐量控制在净重的65%以上。按清水96%、食盐2%、白砂糖2%、柠檬酸0.05%的比例配制汤汁，加热煮沸、过滤后装罐。若采用加热排气法，则密封时罐中心温度应达75℃以上；若采用抽气密封法，则真空度控制在39.9~83.3kPa。中号玻璃罐（净重380g），杀菌式为：15~20min/121℃，并反压冷却至38℃。

第二节　茭白秸秆的综合利用技术

一、有机肥发酵工艺优化简介（上海练科有机肥厂）

2010年的第一次全国污染源普查公报显示，我国农业源总氮、总磷排放量分别为270.46万t和28.47万t，占排放总量的57.2%和67.4%，农业源排放已成为环境的第一大污染源。因此国家制定了在保证国家粮食安全和农民增收的条件下，提高农田生产力和可持续利用的能力，保护生态环境的战略。而通过最大限度地提高化肥利用率，充分利用有机肥料资源，建立科学的有机—无机相结合的施肥体系，提高农田的耕地质量是实现国家战略目标的有效途径之一。

在收集相关资料的基础上，上海练科有机肥厂从2012年开始开展了多次堆肥试验，获得了有机物料堆肥发酵过程中多个重要的技术参数，优化并制定了一套针对该厂的茭白秸秆堆肥技术规程，该厂的商品有机肥经第三方检测机构多次检测，均达到或优于国家NY 525—2012现行商品有机肥标准，取得了明显效果。

目前，上海有50多家企业利用畜禽粪便生产商品有机肥，年产能超过50万t，基本上采取了畜禽粪便还田的资源化利用方式，有效地提高了上海郊区农田土壤肥力，实现了养分的循环利用，对于减少化学肥料用量、保护生态环境、推动上海农业可持续发展起到了十分重要的作用。

商品有机肥主要以畜禽粪便、动植物残体等富含有机质的副产品资源为主要原料，经发酵腐熟后制成的有机肥料。NY 525—2012 是现行的商品有机肥标准，新标准主要指标要求干基氮、磷、钾总养分≥5%，干基有机质≥45%，水分≤30%，pH 值在 5.5~8.5。因此在商品有机肥生产中，首先要选择有机质和养分含量较高的有机物料，或对有机物料进行有效的配比；其次要控制好发酵腐熟过程中的各项基本条件，才能生产出优质商品有机肥。

近年来，随着对堆肥过程研究的不断深入，对堆肥条件的控制已有很大的进展。堆肥过程中的条件控制实际上是对堆肥过程中物理、生物化学性质和微生物活动三者相互作用的控制，一方面各种控制条件是相互影响、相互制约的，另一方面，随着堆肥产业化的发展，不同种类的堆料被混合堆肥，因不同堆料性质及降解速度不同，造成对堆肥条件控制更加困难。许多研究和试验证明，影响堆肥过程的主要环境因素有水分、温度、C/N、通风供氧和 pH 值等，在工厂化堆肥发酵过程中，通过人为调控发酵腐熟条件，为好氧微生物活动创造适宜的环境，促进发酵的快速进行，最终可以生产出优于现行 NY 525—2012 标准的优质商品有机肥。

1. 水分控制

堆肥过程中，水分是一个重要条件，影响了堆肥的其他方面。水分具有参与微生物的新陈代谢；运输养分、溶解小分子有机物；为化学和生物化学反应提供介质；调节堆肥温度；调节通气孔隙，达到水气协调等作用。因此堆肥原料水分及堆肥过程中水分调控，直接影响了堆肥过程中物理及生物学性质，进而决定了好氧堆肥反应速度快慢、堆肥腐熟程度和堆肥产品质量，甚至关系到好氧堆肥工艺过程的成败,被认为是堆肥中最重要的控制条件。

在堆肥过程中,堆肥初始物料相对含水量在40%~70%,能保证堆肥的顺利进行,而最适宜含水量为60%~70%。物料含水过高过低都影响好气微生物活动,发酵前应进行水分调节。物料含水率小于60%,升温慢,温度低,腐解程度差;大于70%,影响通气,形成厌氧发酵,升温慢,腐解度亦差。畜禽鲜粪一般含水量较高,降低含水量的方法是掺和低含水分的有机物料,如糠壳、泥炭、锯末、秸秆等。这些辅料还具有调节C/N比、促进水分散失的作用。

在堆肥过程中,随着氧气扩散和微生物生长速度的变化,水分不断地在堆体中流动和向空气中散失,处在动态变化之中。随着堆肥的进行,因热量和通风而蒸发的水分比产生的水分多得多,如果导致堆料变干,需要补充水分,研究表明堆肥最为活跃的阶段中,水分的添加有时可以加快堆肥腐熟和稳定。高温阶段含水量应保持在50%~60%;其后应添加水分保持在40%~50%,同时不应使其渗出为宜。

堆肥产品中水分应控制在30%以下,如果含水量高,应在80℃下采用鼓风干燥;无干燥设备时,可用日晒干燥。

2. 温度的控制

温度是堆肥过程中重要的控制条件,它既是微生物活动的结果也决定着微生物活动。堆肥初期在30~50℃条件下,中温性微生物活动产生热量,促使堆体温度升高;在45~65℃,最适温度为55~60℃的条件下,嗜热性微生物可以降解大量的有机物质,而且短时间内能迅速分解纤维素;高温是杀灭堆料中的病原菌、寄生虫卵、杂草种子和堆肥过程中释放的有毒物质的必要条件,一般情况下55℃保持2~3周,或65℃保持1周,或70℃保持几个小时,可以将上述有毒物质杀死。堆肥是一个放热过程,若不加控制，温度可达75~80℃，如果堆体中有少量的甲烷产生还可能导致自燃；同时过高的温度会过度消耗有机质，降低堆肥产品质量；更为重要的是过高温度可能阻碍微生物的活动，温度超过60℃真菌活动受抑制，放线菌和孢子细菌进行降解，超过70℃微生物呈孢子状态，活性急速降低，可能导致堆肥系统的崩溃，堆肥过程停止。而温度过低也不利于堆肥化过程，微生物在40℃左右时的活性只有最适温度时的2/3左右，有机质分解缓慢，堆肥腐熟时间延长。

水分含量是影响堆肥温度的一个因素。过高的含水量可使堆肥温度降低，通过调节堆料适宜的含水量有利于堆肥后期的升温；同时为了堆肥后期控制过高的温度，可通过增加水分含量降低堆温。翻堆是影响堆肥温度的另外一个因素。翻堆可控制堆温升高，强迫空气通过堆体，提高水分蒸发，每千克水分蒸发可消耗560cal热量，是一种有效降低堆温的方法。通过调节翻堆的次数控制堆肥最高温度的高低和出现的时间；同时通过翻堆还能达到温度均质化的目的。

3. C/N 比的控制

堆料必须达到适宜的 C/N，才能进行理想的堆肥，若 C/N 比过高，微生物增殖时由于氮不足，生长受到限制，堆温降低，有机物降解速度变得缓慢，堆肥时间变长；若 C/N 比过低，可利用的碳完全被利用，而过量的氮以氨气形式损失，不仅影响环境而且造成氮素肥效的降低，影响堆肥产品品质。堆肥过程中微生物的活动是合成微生物原生质，以干重计算，原生质中含有50% C，5% N 和 0.25% P，因此研究者们推荐堆肥适宜的 C/N 为 20~30。堆肥适宜的 C/N 不能根据堆料总碳和总氮量确定，而要参考堆料中微生物容易利用的碳和氮量来衡量。堆肥的 C/N 比可通过添加含碳高或含氮高的物料来加以调整，秸秆、杂草、枯枝和树叶等物质含纤维、木质素、果胶等较多，碳氮比值较高，可以作为高碳添加材料；而畜禽粪便中含氮量高，可作为高氮添加物质，如猪粪中含有80%的微生物易利用的铵态氮，从而有效的促进微生物生长繁殖，加快堆肥的腐熟。

4. 通风供氧的控制

通气供氧也是堆肥过程中重要的控制因子。主要作用是提供好氧微生物生长繁殖所必需的氧气；通过控制通气量调节堆温，从而控制堆肥最高温度值及其出现时间；在维持最适温度的条件下，加大通风量可以去除水分；翻堆在增加氧气进入量和堆体孔隙度的同时，还可以使堆料、水分、温度和氧气达到均质化的目的，并能使堆体上层的病原菌和杂草种子被带入堆体中心被高温杀死；适宜的通风供氧可以降低氮素损失和恶臭产生；减少堆肥产品的水分，便于产品贮存。

堆肥含水量通过对微生物活性和通气孔隙的作用，影响了氧气消耗，是好氧堆肥的一个决定性因素，因此堆肥过程中需要根据物料的性质控制水分和通气，达到水气协调，二者兼顾，才能促进微生物的生长和繁殖，优化堆肥的控制条件。研究表明，低于60℃时随着温度的增加氧气消耗量呈幂指数增加，高于60℃氧气消耗量降低，超过70℃后氧气消耗量快速接近于0，因此堆肥过程中应根据堆肥不同阶段温度的不同控制通风供氧量。总之，堆体中的氧气含量应根据不同堆料种类和实际需要保持在5%~15%的范围内，氧含量过低会限制微生物的生命活动，导致厌氧发酵；过高则会使热量损失过大导致堆体冷却，达不到高温而无法杀死病原菌和杂草种子。

5. pH值的控制

pH值影响堆肥整个过程。堆肥初期pH值影响细菌的活动，例如猪粪和锯屑混合堆肥，以6.0为界点，pH值<6.0时，抑制二氧化碳和热量产生；pH值>6.0时，二氧化碳和热量产生量快速增加；堆肥进入高温期后，高pH值和高温共同作用导致了

NH_3 挥发。堆肥过程中不需调节 pH 值，因为随着堆肥的进行，微生物降解能量物质而产生有机酸，使 pH 值下降，可达到 5 左右；随后挥发性有机酸由于温度的上升而挥发，同时含氮有机物质降解产生的氨使 pH 值上升，最后稳定在较高的水平。但是堆料初始 pH 值过高或过低时，堆肥前需要堆放一段时间或者掺入成品堆肥进行调节 pH 值。而在堆肥高温期，pH 值在 7.5 ~ 8.5 时可获得最大堆肥速率，过高还会引起氨气挥发，因此可通过加入明矾、磷酸等物质降低堆肥 pH 值，使堆肥顺利进行。

总之，在堆肥过程中某个单一条件的控制相对简单，但由于各种控制条件是相互影响、相互制约的，要想达到堆肥条件整体优化，必须权衡利弊，彼此协调，只有使各种控制条件都比较适宜，才能保证堆肥的顺利进行，并生产出优质商品有机肥。

二、茭白秸秆堆肥技术规程（上海练科有机肥厂）

根据茭白秸秆堆肥试验的结果，针对上海练科有机肥厂的具体条件，为保证有机肥的质量，提高堆肥发酵的效率，制定了上海练科有机肥厂茭白秸秆堆肥技术规程。

（一）目的

为规范工艺操作，保证工艺规程的严格、完整的执行，制定本规程。

（二）适用范围

适用于上海练科有机肥厂有机肥车间的工艺生产和工艺管理。

（三）有机肥产品定义

以农业有机废弃物为主要原料，经过发酵腐熟后制成的有机肥料。有机肥用编织袋包装，每袋净含量 40kg。

（四）原辅料配比技术规程

1. 原料及辅料

（1）原料。茭白秸秆和菌菇渣等。

（2）辅料。本厂自产菌种等。

2. 原辅料要求

堆肥用秸秆需进行粉碎处理，菌菇渣等原料不得夹杂有其他较明显的杂质。菌种由自己生产，活菌数保证 2 亿 cfu/g，杂菌率≤30%。

3. 配比工艺要求

（1）原辅料。C/N 比控制在 20~30。

（2）含水量。原料配比含水量控制在 40%~50%。

（五）堆肥发酵生产技术规程

1. 工艺流程

前处理—主发酵—后熟发酵—后加工，见下图。

2. 主要工艺条件

（1）前处理的原料要求参见原辅料配比工艺规程。

（2）高效的微生物菌剂。添加菌剂后将菌剂与原辅料混匀，并使堆肥的起始微生物含量达 10^6 个/g 以上（或按每吨原料加 1kg 菌剂计算）。

（3）堆高大小。自然通风时，高度 1.0~1.5m，宽 1.5~2.0m，长度任意。

（4）温度变化。完整的堆肥过程由低温、中温、高温和降温四个阶段组成。堆肥温度一般在 50~60℃，最高时可达 70~80℃。温度由低向高现逐渐升高的过程，是堆肥无害化的处理过程。堆肥在高温（45~65℃）维持 10 天，病原菌、虫卵、草籽等均可被杀死。

（5）翻堆。堆肥温度上升到 65℃以上，保持数小时后开始

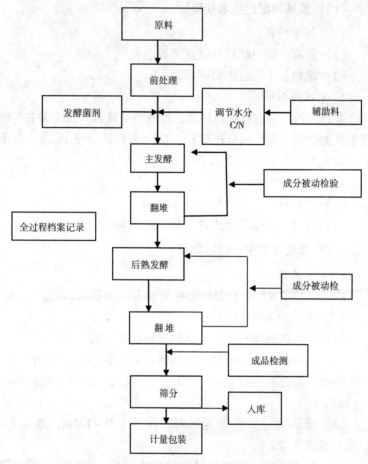

图　堆肥发酵生产技术流程

翻堆（但当温度超过 70℃时，须立即翻堆），翻堆时务必均匀彻底，将低层物料尽量翻入堆中上部，以便充分腐熟，视物料腐熟程度确定翻堆次数。

3. 发酵方式（平地堆置发酵）

将原料和发酵菌，经搅拌充分混合，水分调节在 40% ~ 50%，堆成宽约 2m、高约 1.0m 的长垛，长度可根据发酵车间长度而定。每 2~5 天可用机械或人工翻堆 1 次，以提供氧气、散热和使物料发酵均匀，发酵中如发现物料过干，应及时在翻堆时喷洒水分，确保顺利发酵，如此经 7~15 天的发酵达到完全腐熟。为加快发酵速度，可在堆垛条底部铺设通风管道，以增加氧气供给。

（六）有机肥料生产加工规程

1. 物料的领取

一是根据生产指令单上的生产配方要求，领取生产所需物料。

二是各物料必须整齐的摆放在物料暂存区，区分明确易于识别。

三是领料必须填写领料单，并由生产主管签署后生产人员才能领料，领料时生产人员和仓管必须签字确认实发数量。

2. 配料搅拌

一是检测原料是否准备齐全，场地是否清理干净。

二是先将各物料按照配方要求均匀合理的一层一层铺在混料区，然后用人工翻混 3 次已达到物料混合均匀为准。

三是混合好的物料运送至粉碎区。

3. 粉碎

一是先检查粉碎机运转是否正常，刀片、锣底和出料口布袋是否磨损破坏，否则立即更换。

二是混合好的物料暂放区、粉碎区和包装区一定要严格区分。

三是开启粉碎机开关待运转正常后匀速向粉碎机中添加物料，物料添加速度以不堵塞粉碎机为准。

四是粉碎的过程中一定要时刻注意检测筛网的破损情况，一旦破损立即更换。

4. 包装

一是检查机器运装是否正常，包装袋标识粘贴是否完整、牢固，定量系统是否校正，缝包机是否加油维护，场地是否清理干净。

二是打开粉碎机出料口将粉碎的产品装入包装袋中，包装前一定要检查是否出现较多粗纤维（粉碎不好的）、产品颜色不统一、细度不一致、结块发白等情况，如果出现不能包装，必须重新进行筛分处理才能包装。

三是确定产品外观符合要求后，准确称量 40kg/包，进行缝包操作，将包装好的成品入库保存。

（七）应用效果

NY 525—2012 是现行的商品有机肥标准，新标准主要指标要求干基氮、磷、钾总养分≥5%，干基有机质≥45%，水分≤30%，pH 值在 5.5~8.5。上海练科有机肥厂利用茭白秸秆和菌菇渣为主要原料进行堆肥发酵生产有机肥，已进行大规模的生产和销售，商品有机肥经第三方检测机构多次检测，均达到或优于国家 NY 525—2012 现行商品有机肥标准。

三、微秸宝农业废弃物资源化利用智能堆肥设备使用标准流程

微秸宝农业废弃物资源化利用智能堆肥系统，由宜葆农科联合荷兰瓦赫宁根大学共同开发。它可以实现多种农作物秸秆，包括茭白秸秆废弃物的回收利用，通过固体好氧发酵技术，实现废弃物的资源化利用。

1. 微秸宝智能系统组成

智能堆肥硬件：微秸宝采用防水透气的高分子覆膜材料覆盖

在肥堆上，构建了一个相对封闭的发酵环境，在二氧化碳气体快速排出的同时能够保留大分子有机物，避免了肥料中有机质和养分的流失。

微生物发酵包：微秸宝专利的微生物发酵包，富含多种真菌和哈茨木霉菌菌，不仅能够快速分解秸秆中的纤维，实现作物秸秆的快速发酵；还能使肥堆温度达到最高50~70℃，有效控制病原菌。

微秸宝 App：微秸宝利用物联网和移动互联网的技术，通过蜂窝网络将发酵腐熟进程中最关键的温湿度数据传输到微秸宝云。用户不仅可在手机上实时查看发酵进程，还可以远程操控控制发酵效果。

2. 准备工作

（1）堆肥场地。微秸宝系统肥堆宽 4m，长 20m。高度不超过 2m。为了给机械留出操作的空间，一般建议预留一块 10m 宽，25m 长的场地。标准微秸宝肥堆一次可以处理 120m³ 物料。能够适应非硬化的地面是微秸宝的一大优势。如需收集发酵过程中产生的肥水，非硬化地面在整地时我们建议用机械修整出一个带坡度的趋势。并且底部铺设防水膜，四周起一圈 10cm 高的围堰。这样可以把肥水蓄积在肥堆内部，较低一端地头埋入一个桶，进行肥水的收集。这样即使露天进行堆肥，也可以做到雨污分离。

（2）物料粉碎。微秸宝能够适应多种农作物秸秆的发酵处理，收集的茭白秸秆需要粉碎，为了增加秸秆与微生物菌种的接触面积，加快秸秆发酵进程，一般将秸秆粉碎后再与畜禽粪便进行混合建堆。

3. 建设肥堆

（1）铺设防水地膜。防水地膜能够有效防止肥水的渗漏，肥水沿地面趋势流向肥堆尾部汇集到肥水收集桶，稀释再发酵后可以制作成冲施肥或者叶面肥。不进行肥水收集的肥堆无须铺设防水地膜。

（2）铺设曝气管道。曝气管道铺设在肥堆底部，场地休整完毕铺上防水膜后，就可以开始铺设曝气管道。微秸宝曝气管道由 20 根管道组成，每根管道上有三排排气孔，其中有一排的末端画有黑线，这排气孔安装的时候需要朝上放置，依次把这些管道首尾相接。有堵头的管道放置在地势最低的最末端，蓝色软管连接在最前端，用抱箍扎进，等待与智能控制箱连接。

（3）混拌菌剂。微秸宝专利的微生物发酵剂，富含多种真菌和木霉菌，不仅能够快速分解秸秆中的纤维，实现作物秸秆的快速发酵；还能使肥堆温度达到最高 50~70℃，有效控制病原菌。标准肥堆单次发酵需要发酵剂 72kg，每桶 7.2kg 一共 10 桶。建堆前将微生物发酵剂外包装桶打开，取出桶内的两种组分。往桶里加入 10L 水，将两种组分的发酵剂往水里各加入一半并混拌均匀。混拌好的物料静置 30min 效果更佳，在建堆的时候施撒在肥堆上。

（4）混拌物料建堆。使用装载机或者挖掘机把准备好的秸秆和畜禽粪便等原料按照比例进行混合，同时人工往混拌的物料里抛洒混拌好的发酵剂。机械把混拌好的物料从管道顶部自然抛洒下来，沿着管道建垛。需要注意的一点是，切忌使用机械臂拍压肥堆使得肥堆更紧实。因为肥堆内部比较疏松的结构可以提高氧气传播的效率，提高发酵效果。建好的肥堆宽度不超过 4m，长度不超过 20m，高度不超过 2m。

理想的肥堆，截面应该是半椭圆形状。且长轴应该是垂直方向，短轴水平方向。

（5）放置传感器。堆肥传感器长 110cm，其中探针长 90cm。探针上部署了三个温度探测点，可以获取一个方向上肥堆内层、中层和外层的当前温度，来评估肥堆的整体发酵效果。肥堆建设完成后，将传感器从智能控制箱中取出插入距离肥堆头部 3~5m

的位置，距离地面 120cm，呈 45°角向堆心插入。

（6）覆盖布料。肥堆建设完成后，最后一步是覆盖布料。覆盖布料需要把肥堆全部遮蔽，绿色的部分对准肥堆的正中央，这个位置有利于肥堆内部的气体流动。使用沙袋把覆盖布周围压紧压实，确保在曝气的过程中气体不会从布料边缘吹出来。

（7）连接控制箱。现场施工的最后一步是连接控制箱。把蓝色软管的另外一端连接到微秸宝智能控制箱的出风口，用抱箍扎进。打开控制箱柜门，给控制箱通电。打开控制箱电源开关，关闭柜门。至此，现场施工全部完成。

附　录

附录一　用药短缺特色小宗作物名录 2016

为推动特色小宗作物用药登记，加快解决特色小宗作物用药短缺问题，保障农业生产安全和农产品质量安全，原农业部种植业管理司研究制定了《2016 年特色小宗作物用药调查及试验项目实施方案》，同时颁布了《用药短缺特色小宗作物名录（2016）》（附表 1-1）。该《名录》汇总了各省蔬菜、水果、食用菌、油料等用药短缺特色小宗作物，对指导特色小宗作物用药登记，探讨特色小宗作物登记政策补贴机制，保障农业生产安全和农产品质量安全具有重要意义。该《名录》还将根据种植业结构调整、特色小宗作物种植、登记用药的变化情况，实施动态化管理，不断修订完善。

附表 1-1　用药短缺特色小宗作物名录（2016）

所属类别		作物名称
谷物	旱粮类	谷子、荞麦、莜麦
	杂粮类	绿豆、红小豆
油料	小型油籽类	芝麻
	大型油籽类	向日葵

（续表）

所属类别			作物名称
蔬菜	鳞茎类	鳞茎葱类	大蒜、洋葱、藠头
		绿叶葱类	韭菜、大葱、香葱
		百合	百合
	芸薹属类	茎类芸薹属	芥蓝、菜薹、红菜薹、花椰菜
	叶菜类	绿叶类	生菜、莴苣、油麦菜、菠菜、小白菜（小油菜、青菜）、茼蒿、苋菜、蕹菜
		叶柄类	芹菜
	瓜类	小型瓜类	西葫芦、丝瓜、苦瓜、金瓜、瓜蒌
		大型瓜类	冬瓜、南瓜
	豆类	荚可食类	豇豆、菜豆、四季豆、芸豆
		荚不可食类	蚕豆
	茎类		芦笋
	根茎类和薯芋类	根茎类	胡萝卜、芥菜、生姜、萝卜、榨菜
		其他薯芋类	山药、魔芋、芋头、甘薯、紫薯、番薯
	水生类	茎叶类	水芹、茭白
		果实类	菱角、荸荠
		根茎类	莲藕
	其他类		黄花菜、食用笋
水果	柑橘类		柚子、柠檬、金橘
	仁果类		山楂、枇杷
	核果类		樱桃、杏、李子、枣、冬枣、青枣、桃
	浆果和其他小型水果	藤蔓和灌木类	枸杞、树莓、蓝莓
		小型攀缘类皮不可食	猕猴桃

所属类别			作物名称
水果	热带和亚热带水果	皮可食	柿子、杨梅、杨桃、莲雾、无花果、橄榄
		皮不可食 小型果	荔枝、龙眼
		皮不可食中型果	芒果、石榴、番石榴
		皮不可食大型果	香蕉、木瓜
		皮不可食带刺果	菠萝、火龙果
	瓜果类	甜瓜类	甜瓜
	坚果类	大粒坚果	核桃、板栗、山核桃、香榧
		小粒坚果	榛子
饮料			菊花、茉莉花
食用菌		木腐菌蘑菇类	平菇、金针菇、杏鲍菇、香菇、滑子菇
		草腐菌蘑菇类	双孢蘑菇、草菇、姬松茸（巴西蘑菇）
		木耳类	木耳
调味料		果类调味料	花椒
药用植物		根茎类	人参、三七、浙贝母、白术、白芍、元胡、玄参、温郁金、太子参、麦冬
		叶及茎秆类	铁皮石斛、石斛
		花及果实类	金银花、芡实
其他			蚕桑、食用玫瑰

附录二　荄白已登记农药品种（至 2019 年 5 月 31 日）

一、荄白已登记杀虫剂（附表 2-1）

附表 2-1　荄白已登记杀虫剂

登记证号	登记名称	农药类别	剂型	总含量	有效期至	生产企业	防治对象	有效成分用药量
PD20082001	阿维菌素	杀虫剂	乳油	1.80%	2018/11/25	浙江钱江生物化学股份有限公司	二化螟	$9.5 \sim 13.5 g/hm^2$
PD20082355	阿维菌素	杀虫剂	乳油	1.80%	2018/12/1	浙江海正化工股份有限公司	二化螟	$9.5 \sim 13.5 g/hm^2$
PD20082536	阿维菌素	杀螨剂/杀虫剂	乳油	1.80%	2018/12/3	上海农乐生物制品股份有限公司	二化螟	$9.5 \sim 13.5 g/hm^2$
PD20082711	阿维菌素	杀虫剂	乳油	1.80%	2018/12/5	江苏省扬州市苏灵农化工有限公司	二化螟	$9.5 \sim 13.5 g/hm^2$
PD20082684	阿维菌素	杀虫剂	乳油	1.80%	2018/12/5	河北野田农用化学有限公司	二化螟	$9.5 \sim 13.5 g/hm^2$
PD20082972	阿维菌素	杀虫剂	乳油	1.80%	2018/12/9	兴农药业（中国）有限公司	二化螟	$9.5 \sim 13.5 g/hm^2$
PD20083198	阿维菌素	杀虫剂	乳油	1.80%	2018/12/11	一帆生物科技集团有限公司	二化螟	$9.5 \sim 13.5 g/hm^2$
PD20083527	阿维菌素	杀虫剂	乳油	1.80%	2018/12/12	江西中迅农化有限公司	二化螟	$9.5 \sim 13.5 g/hm^2$
PD20083762	阿维菌素	杀虫剂	乳油	1.80%	2018/12/15	广东省佛山市大兴生物化工有限公司	二化螟	$9.5 \sim 13.5 g/hm^2$

（续表）

登记证号	登记名称	农药类别	剂型	总含量	有效期至	生产企业	防治对象	有效成分用药量
PD20084752	阿维菌素	杀虫剂	乳油	1.80%	2018/12/22	浙江拜克生物科技有限公司	二化螟	9.5～13.5g/hm²
PD20085498	阿维菌素	杀虫剂	乳油	1.80%	2018/12/25	陕西上格之路生物科学有限公司	二化螟	9.5～13.5g/hm²
PD20092512	阿维菌素	杀虫剂	乳油	1.80%	2019/2/26	湖北仙隆化工股份有限公司	二化螟	9.5～13.5g/hm²
PD20094567	阿维菌素	杀螨剂	乳油	1.80%	2019/4/9	河南省南阳市福来石油化学有限公司	二化螟	9.5～13.5g/hm²
PD20095706	阿维菌素	杀虫剂	乳油	1.80%	2019/5/15	山东省绿士农药有限公司	二化螟	9.5～13.5g/hm²
PD20098381	阿维菌素	杀虫剂	乳油	1.80%	2019/12/18	山东澳得利化工有限公司	二化螟	9.5～13.5g/hm²
PD20101460	阿维菌素	杀虫剂	乳油	1.80%	2020/5/4	甘肃华实农业科技有限公司	二化螟	9.5～13.5g/hm²
PD20101440	阿维菌素	杀虫剂	乳油	1.80%	2020/5/4	黑龙江省佳木斯兴宇生物技术开发有限公司	二化螟	9.5～13.5g/hm²
PD20110009	阿维菌素	杀虫剂	乳油	1.80%	2021/1/4	山东汤普乐作物科学有限公司	二化螟	9.5～13.5g/hm²
PD20130150	阿维菌素	杀虫剂	乳油	1.80%	2023/1/17	安徽众邦生物工程有限公司	二化螟	9.5～13.5g/hm²
PD20084183	阿维菌素	杀虫剂	乳油	3.20%	2018/12/16	山东兆丰年生物科技有限公司	二化螟	9.5～13.5g/hm²

（续表）

登记证号	登记名称	农药类别	剂型	总含量	有效期至	生产企业	防治对象	有效成分用药量
PD20098222	阿维菌素	杀虫剂	乳油	3.20%	2019/12/16	沧州志诚有机生物科技有限公司	二化螟	9.5~13.5g/hm²
PD20110266	阿维菌素	杀虫剂	乳油	3.20%	2021/3/7	浙江钱江生物化学股份有限公司	二化螟	9.5~13.5g/hm²
PD20121658	阿维菌素	杀虫剂	乳油	3.20%	2022/10/30	天津市华宇农药有限公司	二化螟	9.5~13.5g/hm²
PD20090840	阿维菌素	杀虫剂	乳油	5.00%	2019/1/19	陕西上格之路生物科学有限公司	二化螟	9~13.5g/hm²
PD20101924	阿维菌素	杀虫剂	乳油	5.00%	2020/8/27	山东省联合农药工业有限公司	二化螟	9.5~13.5g/hm²
PD20110399	阿维菌素	杀虫剂	乳油	5.00%	2021/4/12	浙江钱江生物化学股份有限公司	二化螟	9.5~13.5g/hm²
PD20110526	阿维菌素	杀虫剂	乳油	5.00%	2021/5/12	华北制药集团爱诺有限公司	二化螟	9.5~13.5g/hm²
PD20111376	阿维菌素	杀虫剂	乳油	5.00%	2021/12/14	山东省青岛泰生生物科技有限公司	二化螟	9.5~13.5g/hm²
PD20120123	阿维菌素	杀虫剂	乳油	5.00%	2022/1/29	浙江龙游东方阿纳萨克作物科技有限公司	二化螟	9.5~13.5g/hm²
PD20120723	阿维菌素	杀虫剂	乳油	5.00%	2022/5/2	山东中新科农生物科技有限公司	二化螟	9.5~13.5g/hm²
PD20120844	阿维菌素	杀虫剂	乳油	5.00%	2022/5/22	青岛恒丰作物科学有限公司	二化螟	9.5~13.5g/hm²

（续表）

登记证号	登记名称	农药类别	剂型	总含量	有效期至	生产企业	防治对象	有效成分用药量
PD20130642	阿维菌素	杀虫剂	乳油	5.00%	2023/4/5	天津艾格福农药科技有限公司	二化螟	$9.5 \sim 13.5 \mathrm{g/hm^2}$
PD20100928	阿维菌素	杀虫剂	乳油	18g/L	2020/1/19	联磷磷品（江苏）有限公司	二化螟	$9.5 \sim 13.5 \mathrm{g/hm^2}$
PD20102054	阿维菌素	杀虫剂	乳油	18g/L	2020/11/3	先正达（苏州）作物保护有限公司	二化螟	$9.5 \sim 13.5 \mathrm{g/hm^2}$
PD20121104	阿维菌素	杀虫剂	乳油	18g/L	2022/7/19	天津市华宇农药有限公司	二化螟	$9.5 \sim 13.5 \mathrm{g/hm^2}$
PD20121436	甲氨基阿维菌素苯甲酸盐	杀虫剂	微乳剂	0.50%	2022/10/8	美丰农化有限公司	二化螟	$12 \sim 17 \mathrm{g/hm^2}$
PD20110565	甲氨基阿维菌素苯甲酸盐	杀虫剂	微乳剂	2.00%	2021/5/26	华北制药集团爱诺有限公司	二化螟	$12 \sim 17 \mathrm{g/hm^2}$
PD20120179	甲氨基阿维菌素苯甲酸盐	杀虫剂	微乳剂	2.00%	2022/1/30	河北威远生物化工有限公司	二化螟	$12 \sim 17 \mathrm{g/hm^2}$
PD20121649	甲氨基阿维菌素苯甲酸盐	杀虫剂	微乳剂	2.00%	2022/10/30	浙江拜克生物科技有限公司	二化螟	$12 \sim 17 \mathrm{g/hm^2}$
PD20121688	甲氨基阿维菌素苯甲酸盐	杀虫剂	微乳剂	2.00%	2022/11/5	江门市大光明农化新会有限公司	二化螟	$12 \sim 17 \mathrm{g/hm^2}$

（续表）

登记证号	登记名称	农药类别	剂型	总含量	有效期至	生产企业	防治对象	有效成分用药量
PD20130626	甲氨基阿维菌素苯甲酸盐	杀虫剂	微乳剂	2.00%	2023/4/3	浙江钱江生物化学股份有限公司	二化螟	$12\sim17\mathrm{g/hm^2}$
PD20101935	甲氨基阿维菌素苯甲酸盐	杀虫剂	微乳剂	3.00%	2020/8/27	山东省联合农药工业有限公司	二化螟	$12\sim17\mathrm{g/hm^2}$
PD20130716	甲氨基阿维菌素苯甲酸盐	杀虫剂	微乳剂	3.00%	2023/4/11	安徽众邦生物工程有限公司	二化螟	$12\sim17\mathrm{g/hm^2}$
PD20140559	甲氨基阿维菌素苯甲酸盐	杀虫剂	微乳剂	5.00%	2019/3/6	山东省青岛凯源祥化工有限公司	二化螟	$12\sim17\mathrm{g/hm^2}$
PD20120085	甲氨基阿维菌素苯甲酸盐	杀虫剂	微乳剂	5.00%	2022/1/19	江西中迅农化有限公司	二化螟	$12\sim17\mathrm{g/hm^2}$
PD20121830	甲氨基阿维菌素苯甲酸盐	杀虫剂	微乳剂	5.00%	2022/11/22	海利尔药业集团股份有限公司	二化螟	$12\sim17\mathrm{g/hm^2}$
PD20122049	甲氨基阿维菌素苯甲酸盐	杀虫剂	水分散粒剂	5.00%	2022/12/24	永农生物科学有限公司	二化螟	$7.5\sim15\mathrm{g/hm^2}$
PD20070604	噻嗪酮	杀虫剂	可湿性粉剂	65.00%	2022/12/14	浙江锐特化工科技有限公司	长绿飞虱	$146.25\sim195\mathrm{g/hm^2}$

二、茭白已登记杀菌剂（附表 2-2）

附表 2-2 茭白已登记杀菌剂

登记证号	登记名称	农药类别	剂型	总含量	有效期至	生产企业	防治对象	有效成分用药量
PD20097674	丙环唑	杀菌剂	乳油	250g/L	2019/11/4	宁波三江益农化学有限公司	胡麻斑病	56~75g/hm^2
PD20098187	咪鲜胺	杀菌剂	乳油	25%	2019/12/14	乐斯化学有限公司	胡麻斑病	187.5~300 g/hm^2
PD20081420	丙环唑	杀菌剂	乳油	25%	2018/10/31	兴农药业（中国）有限公司	胡麻斑病	56~75g/hm^2
PD20083015	丙环唑	杀菌剂	乳油	25%	2018/12/10	陕西上格之路生物科学有限公司	胡麻斑病	56~75g/hm^2
PD20084377	丙环唑	杀菌剂	乳油	250g/L	2018/12/17	沧州志诚有机生物科技有限公司	胡麻斑病	56~75g/hm^2
PD20090303	丙环唑	杀菌剂	乳油	250g/L	2019/1/12	永农生物科学有限公司	胡麻斑病	56~75g/hm^2
PD20092109	丙环唑	杀菌剂	乳油	250g/L	2019/2/23	天津市绿亨化工有限公司	胡麻斑病	56~75g/hm^2
PD20094240	丙环唑	杀菌剂	乳油	250g/L	2019/3/31	安徽华星化工有限公司	胡麻斑病	56~75g/hm^2
PD20095224	丙环唑	杀菌剂	乳油	250g/L	2019/4/24	山东绿丰农药有限公司	胡麻斑病	56~75g/hm^2
PD20142534	丙环唑	杀菌剂	乳油	250g/L	2019/12/11	浙江龙游东方阿纳萨克作物科技有限公司	胡麻斑病	56~75g/hm^2

（续表）

登记证号	登记名称	农药类别	剂型	总含量	有效期至	生产企业	防治对象	有效成分用药量
PD20100222	丙环唑	杀菌剂	乳油	250g/L	2020/1/11	河南省南阳市福来石油化学有限公司	胡麻斑病	56～75g/hm²
PD20060028	丙环唑	杀菌剂	乳油	250g/L	2021/1/25	先正达（苏州）作物保护有限公司	胡麻斑病	56～75g/hm²
PD20070296	丙环唑	杀菌剂	乳油	25%	2022/9/21	江苏禾本生化有限公司	胡麻斑病	56～75g/hm²
PD20070412	丙环唑	杀菌剂	乳油	25%	2022/11/5	江苏丰登作物保护股份有限公司	胡麻斑病	56～75g/hm²
PD20080234	丙环唑	杀菌剂	乳油	25%	2023/2/14	江苏七洲绿色化工股份有限公司	胡麻斑病	56～75g/hm²
PD20081057	丙环唑	杀菌剂	乳油	250g/L	2023/8/14	安徽丰乐农化有限责任公司	胡麻斑病	56～75g/hm²

三、麦白已登记除草剂（附表2-3）

附表2-3　麦白已登记除草剂

登记证号	登记名称	农药类别	剂型	总含量	有效期至	生产企业	防治对象	有效成分用药量
PD20140769	吡嘧·丙草胺	除草剂	可湿性粉剂	36.00%	2019/3/24	美丰农化有限公司	一年生杂草	324～432g/hm²

附录三　DB31/T 438—2014　地理标志产品　练塘茭白

1　范围

本标准规定了练塘茭白（以下简称茭白）的术语和定义、要求、试验方法、检验规则、标志、包装、运输与贮存。

本标准适用于练塘区域内生产、加工的茭白。

2　规范性引用文件

下列文件对于本文件的应用是必不可少的。凡是注日期的引用文件，仅注日期的版本适用于本文件。凡是不注日期的引用文件，其最新版本（包括所有的修改单）适用于本文件。

GB 2762　食品安全国家标准　食品中污染物限量

GB 2763　食品安全国家标准　食品中农药最大残留限量

GB 3095　环境空气质量标准

GB 3838　地表水环境质量标准

GB 4285　农药安全使用标准

GB 5009.3　食品安全国家标准　食品中水分的测定

GB/T 5009.8　食品中蔗糖的测定

GB/T 5009.10　植物类食品中粗纤维的测定

GB/T 5009.11　食品中总砷及无机砷的测定

GB/T 5009.15　食品中镉的测定

GB/T 5009.17　食品中总汞及有机汞的测定

GB/T 5009.124　食品中氨基酸总量的测定

GB/T 8321　农药合理使用准则

GB/T 8855　新鲜水果和蔬菜的取样方法

GB 15618　土壤环境质量标准

3　术语和定义

下列术语和定义适用于本标准。

3.1　练塘茭白

生长在练塘区域内，按照附录B，由当地独特水、土、气等自然环境孕育而成，具有色泽洁白、肉质细腻、吃口甜脆鲜美等特点的茭白。

3.2　同一品种

形态特征和生物学特性相同的栽培植物群体。

3.3　毛茭

带薹管和所有叶鞘及部分叶片的茭白。

3.4　半光茭

不带薹管、带二至三片叶鞘的茭白。

3.5　光茭

不带薹管、叶鞘的茭白。

3.6　青茭

因见光而表面发青的茭白。

3.7　灰茭

内部积累了黑穗菌厚垣孢子、布满黑点、无食用价值的茭白。

4　要求

4.1　感官指标和产品等级

茭白按商品品质分等级，各等级按茭重、直径等划分（附表3-1）。

附表 3-1　茭白等级

品质	等级	
	一级	二级
半光茭、光茭整修合格；茭白新鲜洁白、无薹管、无青茭、无灰茭、无虫蛀、无病斑、无机械伤、无异味	半光茭单茭重≥100g 光茭最大部位直径≥3cm 茭肉横切面无肉眼可见黑色小点	半光茭单茭重≥100g 光茭最大部位直径≥3cm 茭肉横切面肉眼可见黑色小点不超过10个

4.2　理化指标和安全指标

4.2.1　理化指标应符合附表 3-2 的规定。

附表 3-2　理化指标

项目	指标
水分含量/（%）	90~94
粗纤维（%）	≤　1.5
总糖（%）	≥　2.0
氨基酸总量（%）	≥　0.8

4.2.2　安全指标

应符合 GB 2762 和 GB 2763 的规定。

5　试验方法

5.1　茭白的新鲜度、青茭、虫蛀、病斑、机械伤、整修
采用目测、手感法。

5.2　茭白的灰茭
采用刀剖目测。

5.3　茭白的异味
用嗅觉和口尝测定。

5.4　茭白单茭重
用精度为 1g 的电子秤称重，直径用游标卡尺测定直径最大

的地方。

5.5　水分的测定

按 GB 5009.3 规定方法。

5.6　粗纤维的测定

按 GB/T 5009.10 规定方法。

5.7　总糖的测定

按 GB/T 5009.8 规定方法。

5.8　氨基酸总量的测定

按 GB/T 5009.124 规定方法。

5.9　安全指标的测定

按 GB 2762 和 GB 2763 规定方法。

6　检验规则

6.1　检验分类

6.1.1　检验分为交收检验和型式检验。

6.1.2　型式检验

型式检验对本标准规定的全部要求进行检验。有下列情形之一者应进行型式检验。

（1）正常情况下每两年进行一次型式试验。

（2）前后两次抽样结果差异显著。

（3）人为或自然因素使生产环境发生变化。

（4）有关行政主管部门提出型式检验要求。

6.1.3　交收检验

每批产品交收前，生产单位要进行交收检验。内容包括感官、标志和包装。检验合格后附合格证书后方可交收。

6.1.4　检验批次

同一产地、同期播种、同一品种、同期采收的茭白作为一个检验批次。批发市场、农贸市场和超市相同进货渠道的茭白作为一个检验批次。

6.2　抽样

6.2.1　按 GB/T 8855 中的有关规定执行。

6.2.2　报验单填写的项目应与货物单相符，包装容器严重损坏者，应由交货单位重新整理后再行抽样。

6.3　判定规则

6.3.1　每批受检样品抽样检验时，对有缺陷（异味、腐烂、虫害、霉变、机械伤）的样品做记录，不合格百分率按有缺陷的单荵数计算。每批受检样品的平均不合格率不超过 5%。

6.3.2　理化指标若有不合格项，允许加倍抽样复检，若还有不合格项，则判该批产品不合格。

6.3.3　安全指标有一项不合格，则判该批产品不合格。

7　标志、包装

7.1　标志

包装物上应有醒目的标志，包装标签清晰、完整，标签内容应标明品名、产地、生产者名称、规格、重量、采收日期、执行标准等。

7.2　包装

7.2.1　包装要求清洁、卫生，不会对产品造成二次污染。

7.2.2　不同批次、不同等级产品不能同一包装。

8　运输

8.1　运输工具清洁、卫生、无污染；装运时做到轻装轻卸，避免机械损伤；在运输途中严防日晒、雨淋，严禁与有毒有害物质混装。

8.2　长途外运，包装产品需在（3±1）℃的冷库中预冷 2h 后，冷藏外运。

9　贮存

9.1　按产品批次、等级分别贮存。

9.2　贮存温度为（3±1）℃，相对湿度为85%~95%。

9.3　在上述贮运条件下，保质期100天。

附录 B　练塘茭白 生产技术规范（规范性附录）
练塘茭白 生产技术规范
（规范性附录）

本附录规定了练塘茭白的生产技术。

B.1　要求

B.1.1　产地要求

B.1.1.1　产地空气质量

应符合 GB 3095 标准要求。

B.1.1.2　农田灌溉水质

应符合 GB 3838 标准要求。

B.1.1.3　产地土壤环境

应符合 GB 15618 标准要求。

B.2　品种选择

根据市场需求和栽培季节，选择优质、抗性强、丰产性好的品种。

B.3　育苗

B.3.1　选种

B.3.1.1　茭白初选

茭白采用无性分株繁殖。茭白选种在孕茭期进行，选择植株生长整齐、长势中等，薹管短，分蘖性强，分蘖紧凑，孕茭率高，单茭只型大，茭肉肥壮白嫩，本品种特征明显、产量高的茭墩做好标记。

B.3.1.2　茭白复选

在茭白采收即将结束时，进行复选，剔除孕茭不全、出现灰茭、病茭的茭墩。

B.3.1.3　种墩数

春季定植每亩大田需种墩 333~400 个，夏季定植每亩大田需选留种墩 10~15 个。

B.3.2　苗床选择与准备

苗床应选择靠近定植大田，方便运苗，同时田块应达到灌排方便、土地平整、土壤肥沃。苗床每亩施入商品有机肥或农家肥 2 000kg，三元复合肥（ $N : P_2O_5 : K_2O = 15 : 15 : 15$，下同） 30kg，作为基肥。耕田后，整平整细。

B.3.3　育苗

12 月下旬至 1 月上旬，割除定选茭墩的地上部枯叶，取茭墩的一半，将近地面的地上茎、连同地下根茎带土挖起。种墩均匀地排列在苗床内，种墩之间留 4~6cm 空隙，保持水平状态，使灌水后苗床田水层深浅一致。夏季定植的，在 3 月下旬至 4 月上旬进行分苗，株行距 30cm×30cm，单株定植。

B.3.4　苗期管理

B.3.4.1　水分

苗床冬春季不断水，当气温低于 0℃ 时灌 10~15cm 深水防冻，气温回升到 5℃ 以上，需保持 3~5cm 浅水层。

B.3.4.2　施肥

萌芽后与秧苗生长中期各追肥 1 次，每次每亩苗床施三元复合肥 5~7.5kg。

B.3.4.3　壮苗

至定植时，苗高控制在 25~30cm，茎叶粗壮，无病虫害，具抗逆性。

B.4　定植与田间管理

B.4.1　整田施肥

前茬出地后应及时翻耕，耕深 20cm。移栽前每亩大田施入商品有机肥或腐熟农家肥 2 000~2 500kg，三元复合肥 80kg 作基肥，灌水后进行翻耕，整平田块。

B.4.2　春季定植与田间管理

B.4.2.1　春季定植

春季 3 月下旬至 4 月中旬定植，将种墩分割成带 3~5 个分蘖的小墩栽入大田，株行距 70cm×80cm。

B.4.2.2　春季田间管理

春季定植的，前期肥水管理的目标是保活棵、促分蘖、应保持 3~4cm 的浅水层，在栽后 10~15 天，每亩施尿素 15~18kg；7 月中旬后，加深水层至 8~15cm；8 月中旬进入孕茭期，每亩施三元复合肥 15~25kg，并保持 25~30cm 水层。秋茭采收结束后排干田间积水，冬季要灌水防冻。12 月至翌年 1 月追施有机肥，翌年 2 月中下旬每亩追施提苗肥 15~25kg。

B.4.3　夏季定植与田间管理

B.4.3.1　夏季定植

夏季 6 月定植，将种苗分成单株，割除叶片仅留叶鞘进行定植，株行距 80cm×90cm。

B.4.3.2　夏季田间管理

夏季 6 月定植的，栽后应保持 10~15cm 水层，确保活棵，以后逐步降低水层至 3~4cm，8 月中旬每亩施尿素 10~20kg，孕茭期水层保持 25~30cm。冬季断水时间不宜过长，2 月上旬复水后，每亩施三元复合肥 30~40kg，3 月中下旬可视长势，每亩施尿素 10~20kg。

B.4.4　除草、打老叶和割除枯叶残株

茭白定植初期和冬季，田间杂草应及时清除。定植一个月后做好清除老叶工作，增加植株间的通风透光，8 月上中旬进行

1~2 次打老叶、病叶。冬季茭白地上部分植株枯萎，割除枯叶残株有利于春季茭白正常萌芽，并可减轻病虫基数。应贴地表将残株割除，并进一步剔除孕茭不全、灰茭、病茭的茭墩。

B.4.5 疏苗

越冬茬茭白田，早春萌发新苗后，苗高 15~25cm 时，应及时疏苗。一般在 2 月下旬至 3 月上旬疏苗，分二次进行，去除弱苗、小苗、过密丛苗，最后每墩留 20~25 株的健壮苗。每亩大田苗数控制在 18 000~23 000 株。

B.5 病虫害防治

B.5.1 茭白主要病虫害有锈病、纹枯病、胡麻斑病、螟虫、蓟马、蚜虫、飞虱等。应加强茭白病虫测报，实行预防为主、综合防治的方针。

B.5.2 物理防治

利用杀虫灯捕杀成虫，每 20 000 m^2 放置一台。

B.5.3 生物防治

利用性诱剂进行捕杀，每亩放置一台。

B.5.4 化学防治

使用化学防治时，应符合 GB/T 8321 和 GB 4285 的要求。

B.6 采收与整理

B.6.1 采收

当茭白心叶缩短、肉质茎显著膨大，抱茎叶鞘即将开裂时采收。气温高时应及时采收。

B.6.2 整理

茭白采收后均要切除叶片和薹管，切割整齐。

附录四　NY/T 835—2004　茭　白

1　范围

本标准规定了茭白初级产品（简称产品）的术语和定义、指标要求、检验方法、检验规则和包装、运输与贮存的方法。

本标准适用于茭白的生产和流通。

2　规范性引用文件

下列文件中的条款通过本标准的引用而成为本标准的条款。凡是注日期的引用文件，其随后所有的修改单（不包括勘误的内容）或修订版均不适用于本标准，然而，鼓励根据本标准达成协议的各方研究是否可使用这些文件的最新版本。凡是不注日期的引用文件，其最新版本适用于本标准。

GB/T 5009.11　食品中总砷的测定方法

GB/T 5009.12　食品中铅的测定方法

GB/T 5009.15　食品中镉的测定方法

GB/T 5009.17　食品中总汞的测定方法

GB/T 5009.20　食品中有机磷农药残留量的测定方法

GB/T 5009.38　蔬菜、水果卫生标准的分析方法

GB/T 8855　新鲜水果和蔬菜的取样方法

GB/T 8868—1988　蔬菜塑料周转箱

GB 14875　食品中辛硫磷农药残留量的测定方法

GB/T 14973　食品中粉锈宁残留量的测定方法

GB/T 15401　水果、蔬菜及其制品 亚硝酸盐和硝酸盐含量的测定

GB/T 17332　食品中有机氯和拟除虫菊酯类农药多种残留

的测定

中华人民共和国农药管理条例

3　术语和定义

下列术语和定义适用于本标准。

3.1　茭白 water bamboo shoot

禾本科菰属植物菰（*Zizania caduciflura* Hand. -Mazz. ）被菰黑粉菌（*Ustilago esculenta* P. Henn. ）寄生后，其地上营养茎膨大形成的变态肉质茎。

3.2　同一品种 same cultivar

植物学特征和生物学特性相同的栽培植物群体。

3.3　秋茭 autumn water bamboo shoot

秋季成熟采收的茭白。

3.4　夏茭 summer water bamboo shoot

主要在夏季成熟采收的菱白。

3.5　壳茭 vaginated water bamboo shoot

带叶鞘的茭白。

3.6　净茭 bald water bamboo shoot

去掉叶鞘的茭白。

3.7　整修 trimming

将采收后的茭白基部未膨大的营养茎留 1~2 个节、上部留适当长度叶鞘齐切，并去掉外层叶鞘。

3.8　整齐度 uniformity

同一品种质量大小的一致程度。

注：用质量在其许可范围内的个体的总质量百分比表示，而质量许可范围用样品平均质量乘以（1±10%）表示。

3.9　清洁 cleanliness

不带泥土、杂草及虫粪等杂质。

3.10　新鲜 freshness

色泽明亮，不萎蔫。

3.11　机械伤害 mechanical injury

净茭表面划伤、刺伤伤口长 1cm 以上或深 1cm 以上并出现水渍状的伤口。

3.12　病虫害 disease and pest injury

由病虫等有害生物为害导致的伤口。

4　指标要求

4.1　等级指标

茭白等级指标要求应符合附表 4-1 的规定。

附表 4-1　茭白等级指标

等级	指标	限度
一级	1. 同一品种纯度不低于 97%； 2. 平均单个净茭质量秋茭不低于 90g、夏茭不低于 70g； 3. 整齐度不低于 90%； 4. 壳茭整修符合要求； 5. 新鲜、清洁，无机械伤害、无病虫害； 6. 净茭表皮光洁，呈白色； 7. 净茭横切面无肉眼可观察到的黑色小点	1、2、3 项应符合规定； 4、5、6、7 项指标不合格率之和不超过 5%，且其中任一单项指标不合格率不超过 2%
二级	1. 同一品种纯度不低于 95%； 2. 平均单个净茭质量秋茭不低于 80g、夏茭不低于 60g； 3. 整齐度不低于 90%； 4. 壳茭整修符合要求； 5. 新鲜、清洁，无机械伤害、无病虫害； 6. 净茭表皮光洁，呈白色、黄白色； 7. 净茭横切面上，肉眼可观察到的黑点数不超过 10 个	1、2、3 项应符合规定；4、5、6、7 项指标不合格率之和不超过 8%，且其中任一单项指标不合格率不超过 3%

（续表）

等级	指标	限度
三级	1. 同一品种纯度不低于 93%； 2. 平均单个净茭质量秋茭不低于 70g、夏茭不低于 50g； 3. 整齐度不低于 90%； 4. 壳茭整修符合要求； 5. 新鲜、清洁，无机械伤害、无病虫害； 6. 净茭表皮光洁，呈黄白色或淡绿色； 7. 净茭横切面上，肉眼可观察到的黑点数不超过 15 个	1、2、3 项应符合规定；4、5、6、7 项指标不合格率之和不超过 10%，且其中任一单项指标不合格率不超过 3%

注：产品等级依照就低不就高的原则确定。

4.2 卫生指标

茭白卫生指标应符合附表 4-2 的规定。

附表 4-2 茭白卫生指标

序号	项目	指标
1	砷（以 As 计）	≤0.5
2	铅（以 Pb 计）	≤0.2
3	镉（以 Cd 计）	≤0.05
4	汞（以 Hg 计）	≤0.01
5	马拉硫磷（malathion）	不得检出
6	乐果（dimethoate）	≤1
7	敌百虫（trichlorfon）	≤0.1
8	辛硫磷（phoxim）	≤0.05
9	敌敌畏（dichlorvos）	≤0.2
10	溴氰菊酯（deltamethrin）	≤0.5
11	多菌灵（carbendazim）	≤1
12	三唑酮（triadimwfon）	≤0.2
13	亚硝酸盐	≤4

注 1：出口产品按进口国的要求检验；进口国没有要求者，建议采用本标准。

注 2：根据《中华人民共和国农药管理条例》剧毒和高毒农药不得在蔬菜生产中使用，不得检出。

5　检验方法

5.1　感官指标检验

5.1.1　品种特征、壳荚整修、清洁、新鲜、病虫害、机械伤害、净荚皮色、净荚横切面

随机抽取 100 个以上的样品，用目测法检验，对不符合感官要求的样品做各项记录。虫害症状明显或症状不明显而有怀疑者，应解剖检验，如发现内部症状，则应扩大一倍样品数量。如果一个样品同时出现多种缺陷，则选择一种较为严重的缺陷，按一个缺陷计。单项感官不合格品的百分率按公式（1）计算，结果保留一位小数。

$$P(\%) = \frac{m_1}{m_2} \times 100 \qquad (1)$$

式中：

P：单项感官不合格率，单位为百分率（%）；

m_1：单项感官不合格品的总质量，单位为千克（kg）；

m_2：检验样本的总质量，单位为千克（kg）。

同一品种纯度（%）= 100 −"品种特征"不合格率（%）。

5.1.2　整齐度

5.1.2.1　分别称量所抽检样品单个个体质量，并记录，按公式（2）计算平均质量。

$$\bar{x} = \frac{M}{n} \qquad (2)$$

式中：

$\bar{x}$：单个样品平均质量，单位为克（g）；

M：所抽检样品的总质量，单位为克（g）；

n：所抽检样品的个体个数。

5.1.2.2　根据平均质量（$\bar{x}$）计算单个质量许可范围 $\bar{x}$（1±10%）

5.1.2.3　从所抽检样晶内挑出单个质量在许可范围/〔$\bar{x}$ 90%，$\bar{x}$ 110%〕内的样品，并计算其总质量（M_1）。最后按公式（3）计算整齐度，计算结果保留一位小数。

$$H(\%) = \frac{M_1}{M} \times 100 \qquad\qquad (3)$$

式中：

H：整齐度，单位为百分率（%）；

M_1：单个质量在许可范围内的样品总质量，单位为克（g）；

M：所抽检样品的总质量，单位为克（g）。

5.2　卫生指标检验

5.2.1　砷

按 GB/T 5009.11 规定执行。

5.2.2　铅

按 GB/T 5009.12 规定执行。

5.2.3　镉

按 GB/T 5009.15 规定执行。

5.2.4　汞

按 GB/T 5009.17 规定执行。

5.2.5　溴氰菊酯

按 GB/T 17332 规定执行。

5.2.6　马拉硫磷、乐果、敌敌畏、敌百虫

按 GB/T 5009.20 规定执行。

5.2.7　辛硫磷

按 GB 14875 规定执行。

5.2.8　多菌灵

按 GB/T 5009.38 规定执行。

5.2.9　三唑酮

按 CB 14973 规定执行。

5.2.10　亚硝酸盐

按 GB/T 15401 规定执行。

6　检验规则

6.1　检验批次

同一产地、同一品种、同一采收期的茭白作为一个检验批次。

6.2　抽样方法

按 GB/T 8855 规定执行。以一个检验批次作为一个抽样批次。

6.3　检验分类

6.3.1　型式检验

型式检验是对产品进行全面考核，即对本标准规定的全部要求进行检验。有下列情形之一者应进行型式检验。

（1）申请无公害食品或绿色食品标志，或进行无公害食品或绿色食品年度抽查检验；

（2）前后两次抽样检验结果差异较大；

（3）因人为或自然因素使生产环境发生较大变化；

（4）国家质量技术监督机构或行业主管部门提出型式检验要求。

6.3.2　交收检验

每批次产品交收购，生产单位都应进行交收检验。交收检验的内容包括感官、标志和包装。检验合格并附合格证的产品方可交收。

6.4 包装检验包装应符合本标准 7.1 的规定。

6.5 判定规则

6.5.1 等级判定

按附表 4-1 的规定确定受检批次产品的等级。受检批次产品的感官指标低于附表 4-1 中三级品要求者为等外品。

6.5.2 不合格产品的判定

卫生指标有一项不合格者，受检批次产品为不合格产品。

6.5.3 复验

受检批次的样本标志、标签、包装、净含量不合格者，允许生产单位进行整改后申请复验一次。感官和卫生指标检验不合格者不进行复验。

7 包装、运输和贮存

7.1 包装

7.1.1 包装材料

要求清洁、卫生不会对产品造成污染。建议采用 GB/T 8868—1988 规定的蔬菜塑料周转箱。

7.1.2 包装要求

（1）不同批次、不同等级、不同整修的产品不能一同包装。同一包装内产品应排放整齐。

（2）无公害食品或绎色食品茭白包装应标注无公害食品标志或绿色食品标志。

（3）每一包装上均应有标签。每件包装内产品质量应不低于标签上标称质量。标签上应标明产品名称、品种、产地、生产单位净含量等级、采收日期、执行标准代号等。

7.2 运输

运输过程中应防冻防晒、通风散热并适度保湿。

7.3 贮存

贮存用茭白应为整修好的壳茭,按产品批次、等级分别贮存。

贮存时建议采用聚乙烯气调塑料袋包装,每袋 5.0kg。贮存温度宜为 (0±1)℃,空气相对湿度宜为 85%~95%。

附录五 NY/T 1834—2010 茭白等级规程

1 范围

本标准规定了茭白等级规格、包装标识的要求及参考图片。本标准适用于鲜食茭白。

2 规范性引用文件

下列文件中的条款通过本标准的引用而成为本标准的条款。凡是注日期的引用文件,其随后所有的修改单(不包括勘误的内容)或修订版均不适用于本标准,然而,鼓励根据本标准达成协议的各方研究是否可使用这些文件的最新版本。凡是不注日期的引用文件,其最新版本适用于本标准。

GB/T 191 包装储运图示标志

GB/T 6543 运输包装用单瓦楞纸箱和双瓦楞纸箱

GB 7718 预包装食品标签通则

GB/T 8855 新鲜水果和蔬菜取样方法

GB 9687 食品包装用聚乙烯成型品卫生标准

NY/T 1655 蔬菜包装标识通用准则

国家质量监督检验检疫总局令 2005 年第 75 号定量包装商品计量监督管理办法

3　要求

3.1　等级

3.1.1　基本要求

茭白应符合下列基本要求：

——具有同一品种特征，茭白充分膨大，其成长度达到鲜食要求，不老化；

——外观新鲜、有光泽，无畸形，茭形完整、无破裂或断裂等；

——茭肉硬实、不萎蔫，无糠心；

——无灰茭，无青皮茭，无冻害，无其他较严重的损伤；

——清洁、无杂质，无害虫，无异味，无不正常的外来水分；

——无腐烂、发霉、变质现象；

——壳茭不带根、切口平整，茭壳呈该品种固有颜色，可带3~4 片叶鞘，带壳茭白总长度不超过 50cm。

3.1.2　等级划分

在符合基本要求的前提下，茭白分为特级、一级和二级，具体要求应符合附表 5-1 的规定。

附表 5-1　茭白等级

项目	特级	一级	二级
色泽	净茭表皮鲜嫩洁白，不变绿变黄	净茭表皮洁白、鲜嫩，露出部分黄白色或淡紫色	净茭表皮洁白、较鲜嫩，茭壳上部露白稍有青绿色
外形	茭形丰满，中间膨大部分均匀	茭形丰满、较匀称，允许轻微损伤	茭形较丰满，允许轻微损伤和锈斑
茭肉横切面	洁白，无脱水，有光泽，无色差	洁白，无脱水，有光泽，稍有色差	洁白，有色差，横切面上允许有几个隐约的灰白点
茭壳	茭壳包紧，无损伤	茭壳包裹较紧，允许轻微损伤	允许轻微损伤

3.1.3　等级允许误差

等级的允许误差按其茭白个数计，应符合：

（1）按数量计，特级允许有 5% 的产品不符合该等级的要求，但应符合一级的要求；

（2）按数量计，一级允许有 8% 的产品不符合该等级的要求，但应符合二级的要求；

（3）按数量计，二级允许有 10% 的产品不符合该等级的要求，但应符合基本要求。

3.2　规格

3.2.1　规格划分

以茭体部分最大直径为划分规格的指标，在符合基本要求的前提下，茭白分为大（L）、中（M）、小（S）三个规格。具体要求应符合附表 5-2 的规定。

附表 5-2　茭白规格　　　　　　单位：mm

规格	大（L）	中（M）	小（S）
横径	>40	30~40	<30
同一包装中最大和最小直径的差异	≤10	≤5	

3.2.2　允许误差范围

规格的允许误差范围按其茭白个数计，特级允许有 5% 的产品不符合该规格的要求；一级和二级分别允许有 10% 的产品不符合该规格的要求。

4　包装

4.1　基本要求

同一包装内茭白产品的等级、规格应一致。包装内的产品可视部分应具有整个包装产品的代表性。

4.2　包装材料

包装材料应清洁卫生、干燥、无毒、无污染、无异味，并符合食品卫生要求；包装应牢固，适宜搬运、运输。包装容器可采用塑料袋或内衬塑料薄膜袋的纸箱。采用的塑料薄膜袋质量应符合 GB 9687 的要求，采用的纸箱则不应有虫蛀、腐烂、受潮霉变、离层等现象，且符合 GB/T 6543 的规定。特殊情况按交易双方台同规定执行。

4.3　包装方式

包装方式宜采用水平排列方式包装，包装容器应有合适的通气口，有利于保鲜和新鲜茭白的直销。所有包装方式应符合 NY/Y 1655 的规定。

4.4　净含量及允许短缺量

每个包装单位净含量应根据销售和运输要求而定，不宜超过 10kg。

每个包装单位净含量允许短缺量按国家质量监督检验检疫总局令 2005 年第 75 号规定执行。

4.5　限度范围

每批受检样品质量和大小不符合等级、规格要求的允许误差按所检单位的平均值计算，其值不应超过规定的限度，且任何所检单位的允许误差值不应超过规定值的 2 倍。

5　抽样方法

按 GB/T 8855 规定执行。抽样数量应符合附表 5-3 的规定。

附表 5-3　抽样数量

批量件数	≤100	101~300	301~500	501~1 000	>1 000
抽样件数	5	7	9	10	15

6 标识

包装箱或袋上应有明显标识，并符合 GB/T 191 、GB 7718 和 NY/T 1655 的要求。内容包括产品名称、等级、规格、产品执行标准编号、生产和供应商及其详细地址产地、净含量和采收、包装日期。若需冷藏保存，应注明储藏方式。标注内容要求字迹清晰、完整、规范。

附录六 NY/T 1405—2015 绿色食品 水生蔬菜

1 范围

本标准规定了绿色食品水生蔬菜的要求检验规则、标签、包装、运输和贮存。

本标准适用于绿色食品茭白、水芋、慈姑、菱、荸荠、芡实、水蕹菜、豆瓣菜、水芹、莼菜、蒲菜、莲子米等水生蔬菜。不包括藕及其制品。

2 规范性引用文件

下列文件对于本文件的应用是必不可少的。凡是注日期的引用文件，仅注日期的版本适用于本文件。凡是不注日期的引用文件，其最新版本（包括所有的修改单）适用于本文件。

GB 2762 食品安全国家标准 食品中污染物限量

GB 2763 食品安全国家标准 食品中农药最大残留限量

GB/T 5009.11 食品中总砷及无机砷的测定

GB 5009.12 食品安全国家标准 食品中铅的测定

GB/T 5009.15 食品中镉的测定

GB/T 5009.17 食品中总汞及有机汞的测定

GB/T 5009.18　食品中氟的测定

GB/T 5009.102　植物性食品中辛硫磷农药残留量的测定

GB/T 5009.123　食品中铬的测定

GB 7718　食品安全国家标准预包装 食品标签通则

GB/T 19648　水果和蔬菜中 500 种农药及相关化学品残留的测定　气相色谱—质谱法

GB/T 20769　水果和蔬菜中 450 种农药及相关化学品残留量的测定

NY/T 391　绿色食品　产地环境质量

NY/T 393　绿色食品　农药使用准则

NY/T 394　绿色食品　肥料使用准则

NY/T 658　绿色食品　包装通用准则

NY/T 761　蔬菜和水果中有机磷、有机氯、拟除虫菊酯和氨基甲酸酯类农药多残留的测定

NY/T 1055　绿色食品　产品检验规则

NY/T 1056　绿色食品　贮藏运输准则

NY/T 1453　蔬菜及水果中多菌灵等 16 种农药残留测定液相色谱—质谱—质谱联用法

SN/T 2114　进出口水果和蔬菜中阿维菌素残留量检测方法　液相色谱法

3　要求

3.1　产地环境

应符合 NY/T 391 的规定。

3.2　生产过程

生产过程中农药和肥料使用应分别符合 NY/T 393 和 NY/T 394 的规定。

3.3　感官要求

应符合附表 6-1 的规定。

附表6-1 感官要求

项目	要求	检验方法
茭白	同一品种或相似品种；外观新鲜；壳茭白皮鲜嫩洁白，不变绿、不变黄；茭形丰满，中间膨大部分均匀；茭肉横切面洁白，无脱水，有光泽，无色差；茭壳包紧，无损伤	品种特性、成熟度、色泽、新鲜度、清洁度、腐烂、畸形、开裂、冻害、病虫害及机械上海等外观特征，用目测法鉴定
荸荠	同一品种或相似品种；形状为圆形或者近圆形，饱满圆整，芽群紧凑，无侧芽膨大；表皮为红褐色或深褐色，色泽一致，新鲜，有光泽；无腐烂，无霉变；无病虫害、无异味	异味用嗅的方法鉴定黑心、黑斑、坏死以及病虫害症状不明显而有怀疑者，应用刀剖开目测
其他水生蔬菜	同一品种或相似品种；成熟适度；具有产品正常色泽；大小（长、短、粗细）基本一致，形态均匀完整；无病虫害造成的损伤及机械伤；无黑心、黑斑、腐烂、杂质、霉变	

3.4 污染物、农药残留限量

污染物、农药残留限量应符合 GB 2762、GB 2763 等相关食品安全国家标准及相关规定，同时符合附表6-2的规定。

附表6-2 污染物和农药残留限量 单位：mg/kg

项目	指标	检验方法
乐果（dimethoate）	≤0.01	GB/T 20769
敌敌畏（dichlorvos）	≤0.01	NY/T 761
溴氰菊酯（deltamethrin）	≤0.01	NY/T 761
氰戊菊酯（fenvalerate）	≤0.01	NY/T 761
百菌清（chlorothalonil）	≤0.01	NY/T 761
氯氰菊酯（cypermethrin）	≤0.01	NY/T 761
阿维菌素（abamectin）	≤0.01	SN/T 2114
毒死蜱（chlorpyrifos）	≤0.01	GB/T 19648
三唑酮（triadimwfon）	≤0.01	NY/T 761
多菌灵（carbendazim）	≤0.01	NY/T 1453
辛硫磷（phoxim）	≤0.01	GB/T 5009.102
氟（以 F 计）	≤1	GB/T 5009.18

各农药项目除采用表中所列检测方法外，如有其他国家标准、行业标准以及部文公告的检测方法、且其检出限或定量限能满足限量要求时，在检测时可使用。

4　检验规则

申报绿色食品应按照本标准 3.3、3.4 以及附录 B 所确定的项目进行检验。其他要求应符合 NY/T 1055 的规定。

5　标签

标签应符合 GB 7718 的规定。

6　包装、运输和贮存

6.1　包装

6.1.1　包装应符合 NY/T 658 的规定。

6.1.2　按产品的品种、规格分别包装，同一件包装内的产品应摆放整齐、紧密。

6.1.3　每批产品所用的包装、单位质量应一致。

6.2　运输和贮存

6.2.1　运输 和贮存应符合 NY/T 1056 的规定。

6.2.2　运输前应根据品种，运输方式、路程等确定是否预冷。运输过程中注意防冻、防雨淋、防晒，通风散热。

6.2.3　贮存时应按品种、规格分别贮存，库内堆码应保证气流均匀流通。

附　录　A

（资料性附录）

水生蔬菜学名、俗名对照表

水生蔬菜学名、俗名对照表见表 A.1。

表 A.1　水生蔬菜学名、俗名对照表

序号	蔬菜名称	拉丁学名	俗名、别名
1	茭白	*Zizania caduciflora* （Turca. Ex Trin.） Hand. -Mazz.	茭瓜、茭笋、菰笋、菰
2	水芋	*Calla palustris* L.	—
3	慈姑	*Sagittaria sagitti folia* L.	茨菇、慈菰、剪刀草、燕尾草、白地栗
4	菱	*Trapa bispinosa* Roxb.	菱角、风菱、乌菱、菱实
5	荸荠	*Eleocharis tuberose* （Roxb.） Roem. et Schult	地栗、马蹄、乌芋、凫茈
6	芡实	*Euryale ferox* Salisb.	鸡头、鸡头米、水底黄蜂、芡
7	豆瓣菜	*Nasturtium of ficinale* R. Br.	西洋菜、水蔊菜、水田芥、荷兰芥
8	水芹	*Oenanthe stoloni fera* DC.	刀芹、蕲、楚葵、蜀芹、紫堇
9	莼菜	*Brasenia schreberi* Gmel.	蓴菜、马蹄菜、水荷叶、水葵、露葵、湖菜、凫葵
10	蒲菜	*Typha lati folia* L.	香蒲、甘蒲、蒲草、蒲儿菜、草芽

附 录 B

（规范性附录）

绿色食品水生蔬菜产品申报检验项目

表 B.1 规定了除本标准 3.3、3.4 所列项目外，依据食品安全国家标准和绿色食品生产实际情况，绿色食品水生蔬菜产品申报检验还应检验的项目。

表 B.1 依据食品安全国家标准绿色食品水生蔬菜
产品申报检验必检项目 单位：mg/kg

项目	指标	检验方法
铅（以 Pb 计）	≤0.1	GB 5009.12
汞（以 Hg 计）	≤0.01	GB/T 5009.17
镉（以 Cd 计）	≤0.05	GB/T 5009.15
总砷（以 As 计）	≤0.5	GB/T 5009.11
铬（以 Cr 计）	≤0.5	GB/T 5009.123

参考文献

丁国强，彭震.2016 上海菜田主要杂草识别图册［M］.上海：上海科学技术出版社.

丁国强，王桂英.2018. 蔬菜病虫害测报实用操作手册［M］.上海：上海科学技术出版社.

丁国强.2018. 上海蔬菜作物化学农药减量途径和技术［M］.上海：上海科学技术出版社.

董昕瑜，周淑荣，郭文场，等.2018. 中国茭白的品种简介［J］.特种经济动植物（5）：39-41.

全国农业技术推广服务中心，农业部种植业管理司.2013. 农作物病虫害专业化统防统治手册［M］.北京：中国农业出版社.

郁樊敏.2005. 上海主要蔬菜栽培良种［M］.上海：上海科学技术出版社.